GRAPHIC SCIENCE MAGAZINE ニュートン
Newton

本当に感動する
サイエンス
超入門!

宇宙のすべての謎を解く
超ひも理論とは何か

監修／橋本幸士
京都大学大学院教授

はじめに

「この世界は、いったい何でできているのだろうか？」

この問いは古来、多くの哲学者、科学者たちがいどんできた人類の究極の謎といえます。古代から人間は、自然界を理解しようとこころみてきました。

現在の物理学が到達した一つの仮説は、あらゆるものは「ひも」が集まってできている、というものです。にわかには信じがたいかもしれませんが、これこそが物理学の最先端理論である「超ひも理論」の考え方です。

超ひも理論によると、宇宙も、人間の体も、あなたが今読んでいるこの本の紙やインクでさえも、細かく分割していくと最終的にきわめて小さな「ひも」にたどりつくと考えられていています。この自然界の根源はひも、というわけです。

では、この世界がひもでできているとは、どういうことでしょうか。

あらゆる物質が「原子」でできているのはご存じでしょう。その原子をさらに細かく分割し、最後にたどりつくと考えられる究極に小さい粒子を「素粒子」といいます。素粒子を直接目にした人はいないため、実際にどのような姿かたちをしているのかはわかりませんが、超ひも理論ではこの素粒子の正体を、小さな小さな「ひも」と考えます。

超ひも理論は未完成ですが、完成すれば、この宇宙でおきるありとあらゆる現象をたった一つの数式で説明できる「万物の理論」になり得ると考えられており、さかんに研究が行われているのです。

超ひも理論は、この宇宙のはじまりや終わりなど、現代の物理学で解明できていないさまざまな謎の答えをもたらすと期待されています。さらに超ひも理論の研究をもとに、この世界は縦・横・高さの「3次元空間」ではなく「9次元空間」であることや、私たちが暮らす宇宙とは別に「無数の宇宙が存在する」といった、おどろきの予言もなされています。まるでSFのような世界の予言を聞くと、何だかわくわくしてきませんか？

本書では、超ひも理論とは何かといった基礎をはじめ、現代の物理学が抱える宇宙や次元のさまざまな謎について、やさしく解説します。はじめて超ひも理論にふれる人の入門書として、すでに知っている人のおさらい本として、気軽に読める一冊になっています。
「万物の理論」の最有力候補である超ひも理論の世界を、どうぞお楽しみください。

目次

第2章／超ひも理論の「ひも」はどのようなものか

第3章／すべての力はひもが生みだしている

第4章／万物の理論を求めて

第5章 超ひも理論が予言する「9次元空間」

第6章／この宇宙に残された謎と超ひも理論

第1章

超ひも理論とは何か

宇宙のすべてを支配する「万物の理論」

物理学者たちが追い求める究極の夢があります。それが「万物の理論」です。「究極の理論」や「セオリー・オブ・エブリシング」などともよばれることがあります。

万物の理論とは、この宇宙でおきるありとあらゆる現象を説明する一つの理論のことです。素粒子レベルの極小の現象から、宇宙レベルの広大な現象まで、すべてをたった一つの数式で書きあらわすのです。万物の理論は、いわばこの宇宙を支配する、神の設計図のようなものだといえるでしょう。

万物の理論が完成すれば、現在の物理学で解き明かせていない、世界の成り立ちにまつわるさまざまな謎に答えを出せるようになるはずです。この宇宙はどうやって生まれたのか、宇宙の誕生前には何があったのか、ブラックホールの中はどうなっているのか、ダークマターの正体とは何なのか、そして宇宙はどうやって終わるのか——。

物理学者たちは長年にわたり万物の理論を追い求めてきましたが、いまだ完成にはいたっていません。しかし、物理学者たちは万物の理論の最有力候補といわれる理論にたどり着いています。それこそが「超ひも理論」です。超ひも理論が予言する世界は、奇想天外な世界です。これからこの超ひも理論について、くわしく見ていきましょう。

この世界のすべては、ひもの集まり!?

超ひも理論とは、いったいどのような理論でしょうか。知らない人が聞くと、その名前に戸惑うかもしれません。当然、女性にみつがせて暮らす「ヒモ」についての理論ではありません。

一言でいうと、超ひも理論とは「この世界のあらゆるものは極小の細長いひもが集まってできている」と考える物理学の最先端理論です。道ばたに落ちている小石から、私たちの体、地球、そして宇宙のあらゆる星たちまで、すべてはひもでできていると考えるのです。

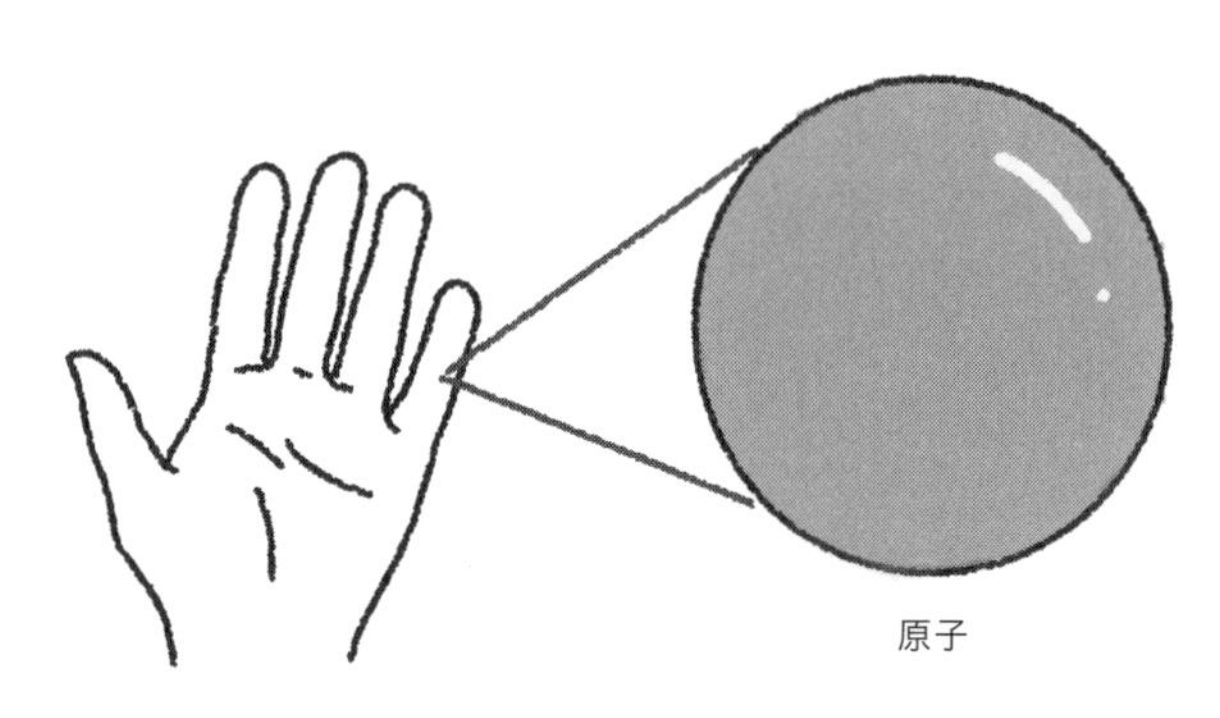

図1-1.　物質の最小単位と考えられていた原子

あらゆる物質は原子でできている。

超ひも理論によると、自然界のありとあらゆる現象は、無数のひもがぶつかったり、くっついたりしながらくりひろげられていることになります。このように超ひも理論とは、この世界の根源にせまる理論なのです。

ここで「中学や高校の理科の授業では、あらゆる物質は原子でできていると習った。ひもなんてどこにも出てこなかった！」と疑問に思う読者もいるかもしれません。たしかに、身のまわりの物質はすべて原子という粒でできており、かつてはこの原子こそ自然界の最小単位だと考えられていました（図1−1）。

しかし実は、原子はさらに細かく分けられることが明らかになっています。原子をさらに細かく分解していって、最終的に行き着く真の自然界の最小単位こそ、ひもである。超ひも理論は、そのように考える仮説です。

ちなみに超ひも理論とよばれることも多いですが、研究者の間では「超弦理論(ちょうげんりろん)」という名称の方がより一般的に使われます。英語では「Superstring Theory」です。

物質を拡大すると、素粒子に行き着く

物質はいったい何でできているのか？　自然界の最小単位とはいったい何なのか？　これは、はるか昔から人類が追い求めてきた一大テーマです。ここではその探求の歴史を見ながら、原子からひもへとせまっていきましょう。

今から約２５００年前、ギリシアの哲学者、デモクリトス（紀元前４６０ごろ～紀元前３７０ごろ）は、「万物は微小な粒子からできている」ととなえ、その粒子を「ａｔｏｍ（原子）」とよびました。このような考え方を「原子説」といいます。

しかし当時は原子説に反対する考え方もありました。その代表が、哲学者のアリストテレス（紀元前３８４～紀元前３２２）などが支持した「四元素説」です。四元

素説では「万物は空気・水・土・火の四つでできている」と考えました。これらの四元素は粒子であるとは考えられておらず、原子説とは相容れないものでした。原子説と四元素説のどちらが正しいのか、2000年以上にわたって議論がくり広げられました。

やがて18世紀後半〜19世紀前半になると、原子の存在を考えることでさまざまな化学反応を都合よく解釈できたため、原子の存在が確かなものになっていきます。原子の存在を認めることで自然界の理解は飛躍的に進み、「すべての物質は原子でできており、この原子こそが物質の最小単位だ」と信じられるようになったのです。

実際に原子の存在を確認したのは天才物理学者、アルバート・アインシュタイン（1879〜1955）でした。アインシュタインは「ブラウン運動」という現象から、原子の存在を明らかにしました。

チョークの粉などを水に溶かして顕微鏡で観察すると、微粒子が不規則に運動します。アインシュタインは、ブラウン運動について、不規則に運動するたくさんの水分子が四方八方から微粒子に衝突して、微粒子が動くと考え、理論を構築

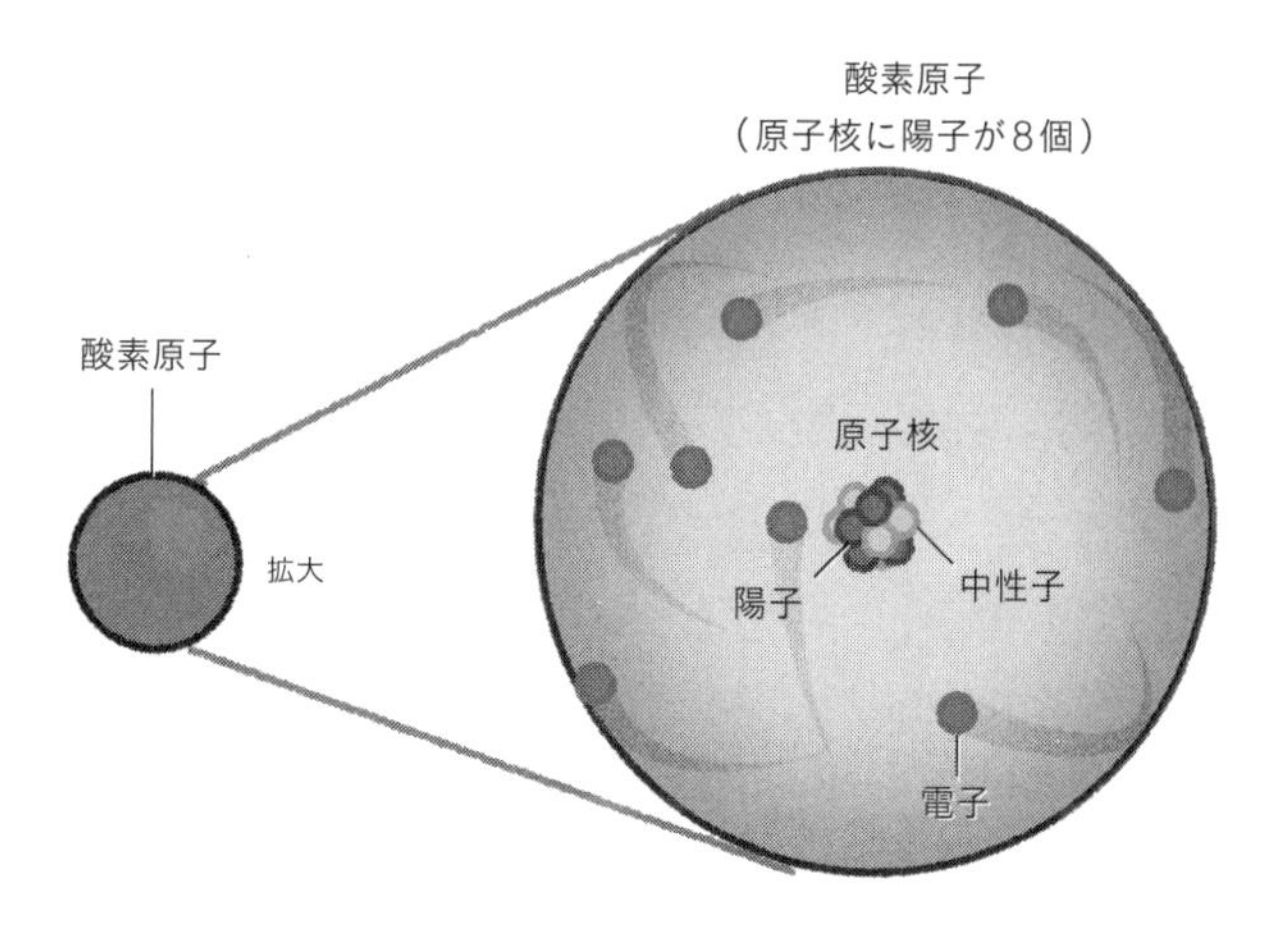

図1-2.　電子と原子核

原子の内部では、原子核の周囲を電子がまわっている。


しました。

アインシュタインの理論は、フランスの物理化学者、ジャン・ペラン（1870〜1942）の実験により正しさが証明されました。ペランの実験などから、分子や原子の個数などが明らかになり、ついにあらゆる物質は原子でできていることが明らかとなったのです。

しかし、原子は自然界の最小単位ではありませんでした。19世紀末〜20世紀にかけて原子には、「電子」や「原子核」というさらなる構成要素があることが判明したのです（図1−2）。原子は、原子核のまわりを電子が飛び回るような内部構造をもっていました。

さらに、原子の中にある原子核も自然界の最小単位ではないことがわかります。原子核は「陽子」と「中性子」というさらに小さな粒子が集まってできていたからです。

高校の化学の授業などで習うのは、この陽子や中性子までです。しかし最先端の科学は、この陽子と中性子も、もっと小さな粒子が集まってできていることを明らかにしています。その小さな粒子を「クォーク」とよびます。

クォークという名前をはじめて聞いた読者も少なくないでしょう。陽子や中性子をつくるクォークには「アップクォーク」と「ダウンクォーク」という2種類があります。陽子はアップクォーク2個と、ダウンクォーク1個。中性子はアップクォーク1個と、ダウンクォーク2個でできています（図1－3）。

現在の科学でわかっているのはここまでです。ここまでに登場したクォークや電子といった粒子こそ〝現在の科学技術ではそれ以上分けられない自然界の最小単位〟であると考えられています。このような分割できない粒子を「素粒子」といいます。アップクォークやダウンクォークが見つかったあと、それ以外の素粒子も続々と見つかっています。

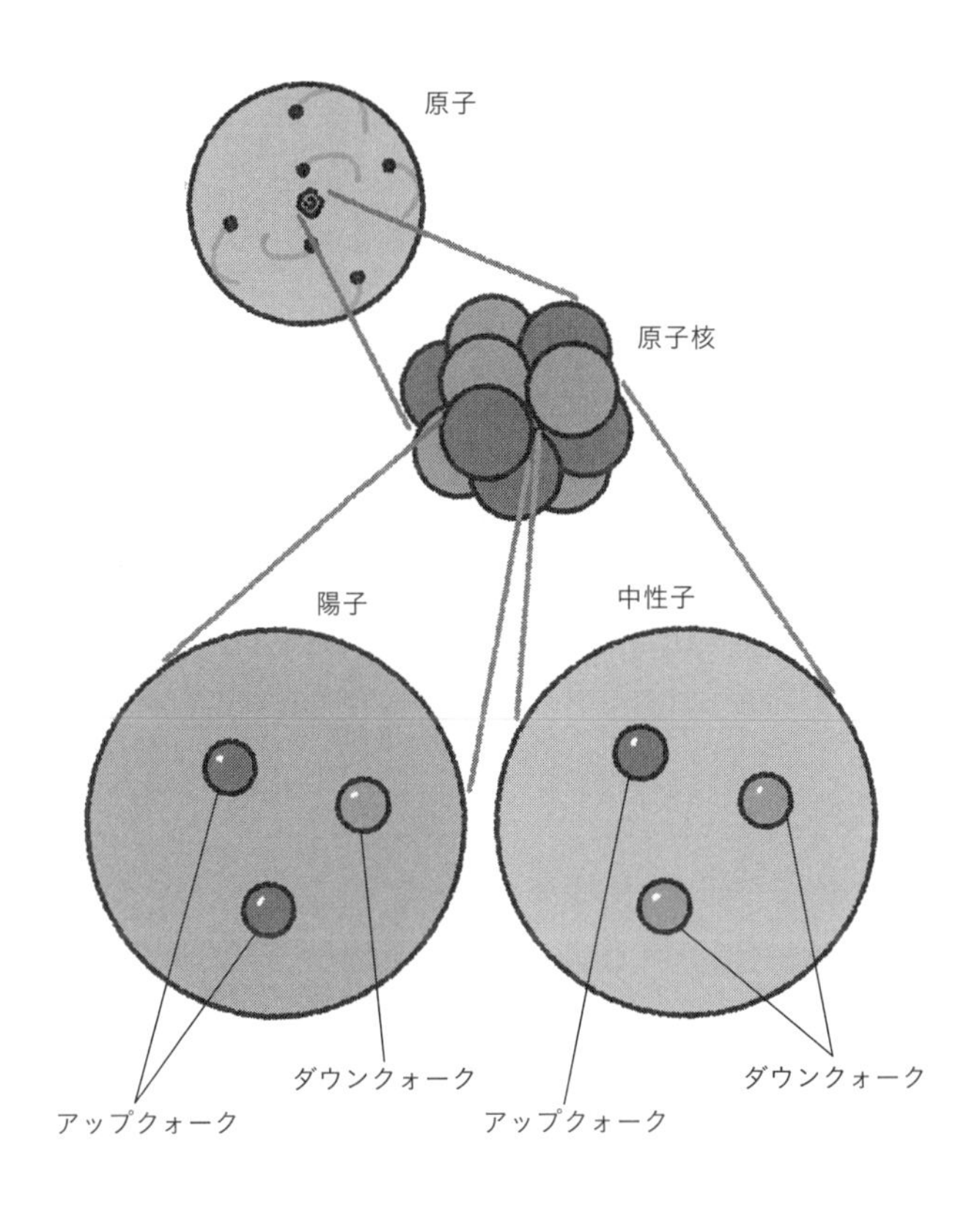

図1-3.　アップクォークとダウンクォーク

素粒子の正体は、細長いひも

原子をずっと細かく見ていくことで、自然界の最小単位である素粒子にたどり着きました。では、超ひも理論のひもはどこに出てくるのでしょうか。実は超ひも理論では、素粒子の正体こそひもだと考えます。素粒子であるにもかかわらず、球ではなく、細長いひもだというのです。今あなたが手にしているこの本も、私たちの体も、石も水も、宇宙に存在するありとあらゆる物質は、細かく見ていくと、ひもにたどり着くというのです（図1－4）。

さらに、物質だけではありません。光の正体も「光子」という素粒子、すなわち、ひもだと考えられています。

従来、物理学の世界では、素粒子は〝大きさのない点〟だと考えて理論を構築してきました。つまりクォークや電子の直径は「ゼロ」だと考えられてきたのです。

ではなぜ、超ひも理論では素粒子を点ではなく、ひもとして考えるようになっ

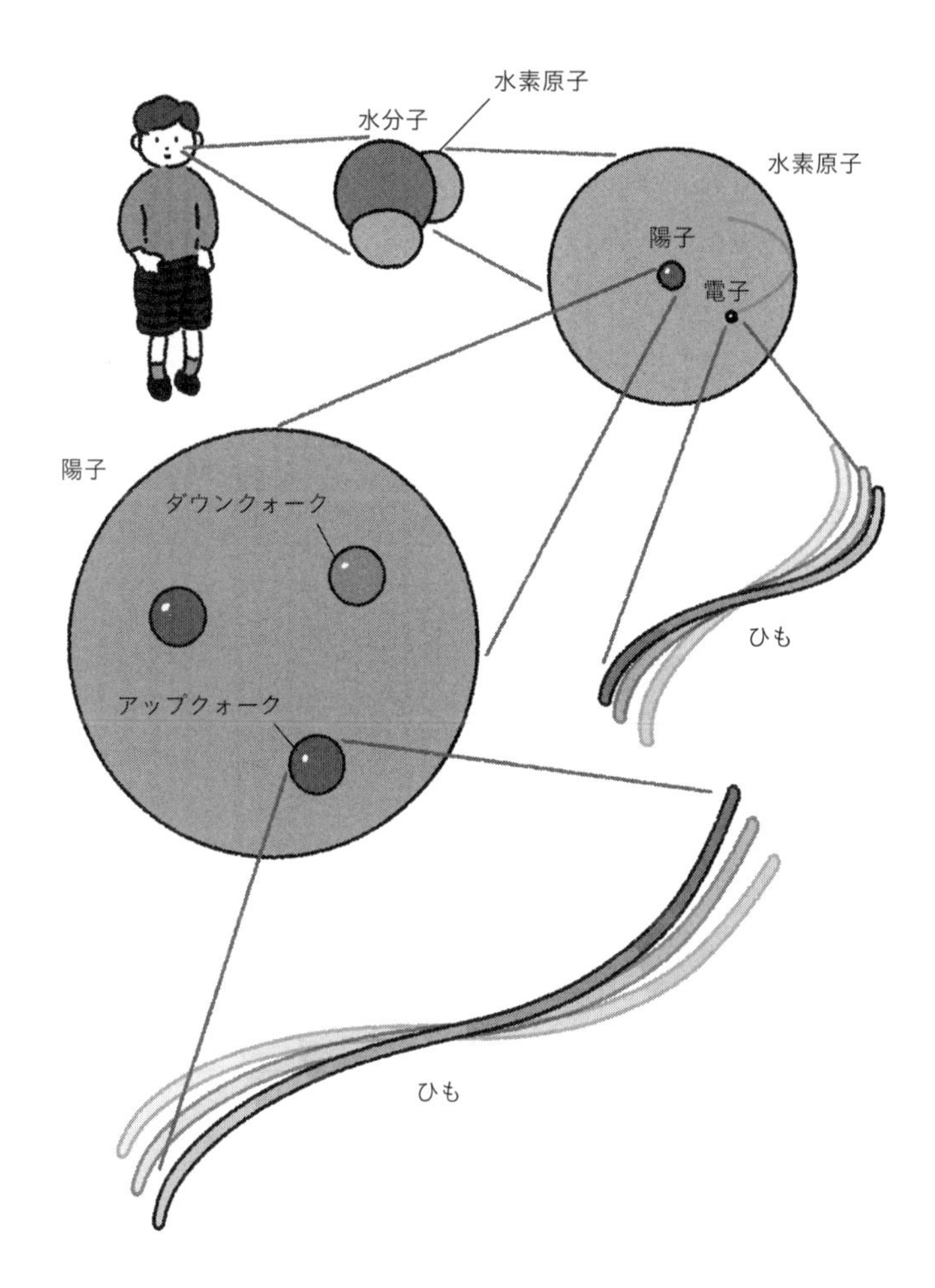

図1-4.　素粒子の正体

超ひも理論では、私たちの体をはじめ、あらゆる物質はひもでできていると考える。

たのでしょうか。くわしくは第4章で説明しますが、重力について計算するときなどに素粒子を「点」と考えると、さまざまな問題が生じてしまい、物理的に意味のある結果が得られないことがわかりました。そこで、素粒子をひもだとするアイデアが生まれたのです。

超ひも理論は、この世界のあらゆる現象を統一的に説明できる、物理学者の夢といえる「万物の理論」になり得る可能性を秘めています。しかし素粒子がひもでできているという実験的な証拠は、まだ見つかっていません。超ひも理論はまさに今、研究がさかんに進められている「未完成の理論」なのです。

素粒子の大きさはゼロ

本格的に超ひも理論について解説する前に、素粒子とはどういうものかをこの第1章で説明しておきましょう。まずは、そのサイズを考えます。

みなさんは、そもそも原子の大きさがどれくらいかご存じですか？　その答えは、直径約10^{-10}メートルほどです。1000万個の原子を一直線にならべて、ようやく1ミリメートルになります。原子の段階ですでに想像できないほどの小ささですが、原子の中にある陽子や中性子はさらにうんと小さいものになります。陽子や中性子は、原子の10万分の1、すなわち約10^{-15}メートルほどの大きさしかないのです。

当然、陽子や中性子をつくるクォークや電子といった素粒子は、これよりもさらに小さくなります。実験的には、そのサイズは最大でも陽子の1万分の1程度だということがわかっています。つまり10^{-19}メートル程度未満です。これは1ミリメートルの1兆分の1の、さらに1万分の1未満です。ただし、これよりもずっと小さい可能性もあります。

あまりにも小さすぎてイメージがわかないかもしれません。そこで、原子の大きさを地球サイズに拡大して考えてみましょう。すると、陽子は野球場くらいのサイズになります。そして素粒子である電子やクォークなどの大きさは、最大で野球のボールくらいの大きさになります。素粒子がどれほど小さいか、お分かりいただけたでしょうか。これほど小さいため、既存の物理学では理論上、素粒子を「大きさゼロの点」としてあつかっています（図1－5）。

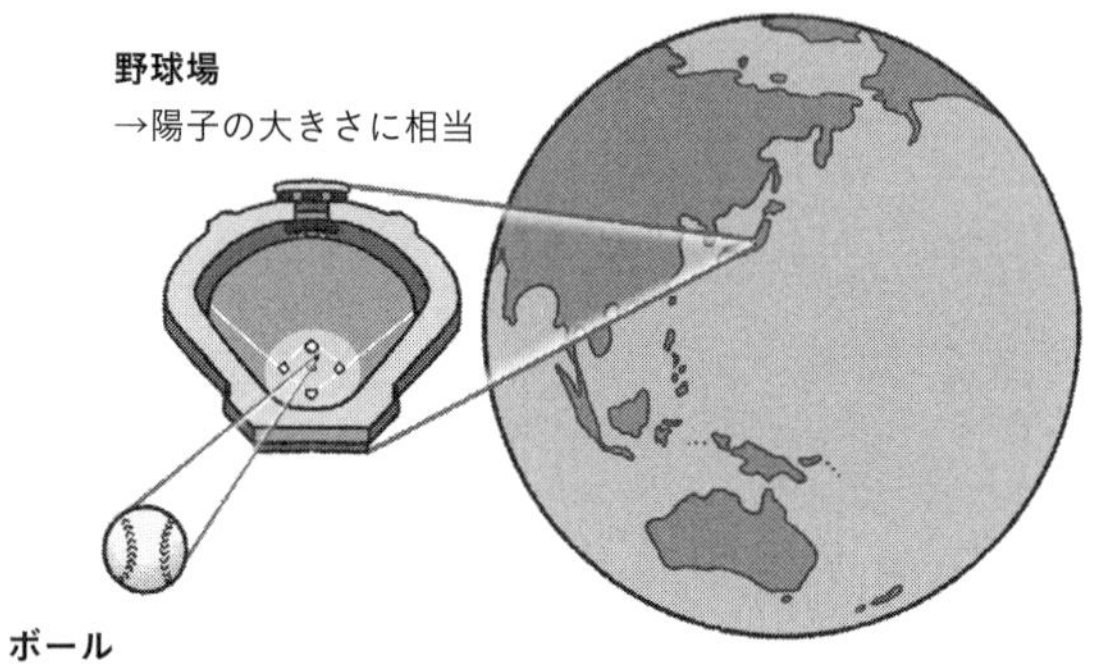

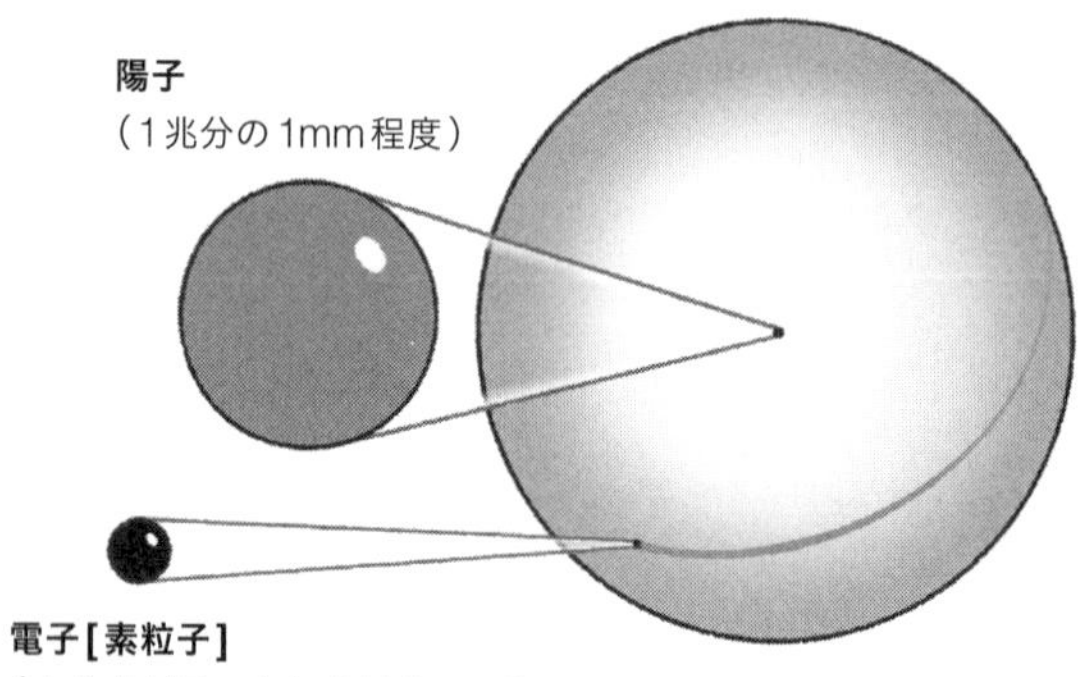

図1-5.　素粒子の大きさ

原子を地球サイズに拡大すると、素粒子は最大で
野球ボールほどのサイズになる。

ただし、素粒子の大きさが本当にゼロなのか、そして、本当にこれ以上分割できないのか、すなわち本当の意味で素粒子なのかどうかは実験で確かめられているわけではありません。

発見されている素粒子は全部で17種類

ここまでに登場した素粒子は、2種類のクォークと電子の3種類です。しかし素粒子には、もっとたくさんの種類があります。現在発見されている素粒子を簡単に紹介しましょう。たくさん素粒子の名前が出てきますが、すべてを覚える必要はありません。

まず、すでに説明したとおり、原子の中にある陽子や中性子は、アップクォークとダウンクォークという2種類の素粒子でできています。クォークの仲間はこの2種類だけではありません。「宇宙線」の観測や「加速器」での実験などにより、現在6種類のクォークの仲間が見つかっています（図1－6）。

ここで少し脱線しますが、クォークをはじめとする素粒子の発見にかかせない

図1-6.　クォークの仲間

中央の数字は帯びている電荷をあらわしている。

「宇宙線」や「加速器」について説明しておきましょう。まず「宇宙線」とは、宇宙から降り注ぐ放射線のことで、その正体は主に〃高速で飛来してきた陽子〃です。

たとえば、恒星が爆発すると宇宙線が発生します。それが地球の大気中の窒素分子や酸素分子と衝突すると、クォークなどの素粒子を含むさまざまな粒子が生まれます。

これは、衝突によって粒子が壊れてその破片が飛び散るわけではありません。衝突のエネルギーをもとに、衝突前には存在しなかったまったく新しい粒子が大量に発生するのです。宇宙線は、天然の粒子生成器といえるでしょう。

一方「加速器」とは、今の宇宙線の話を〃人

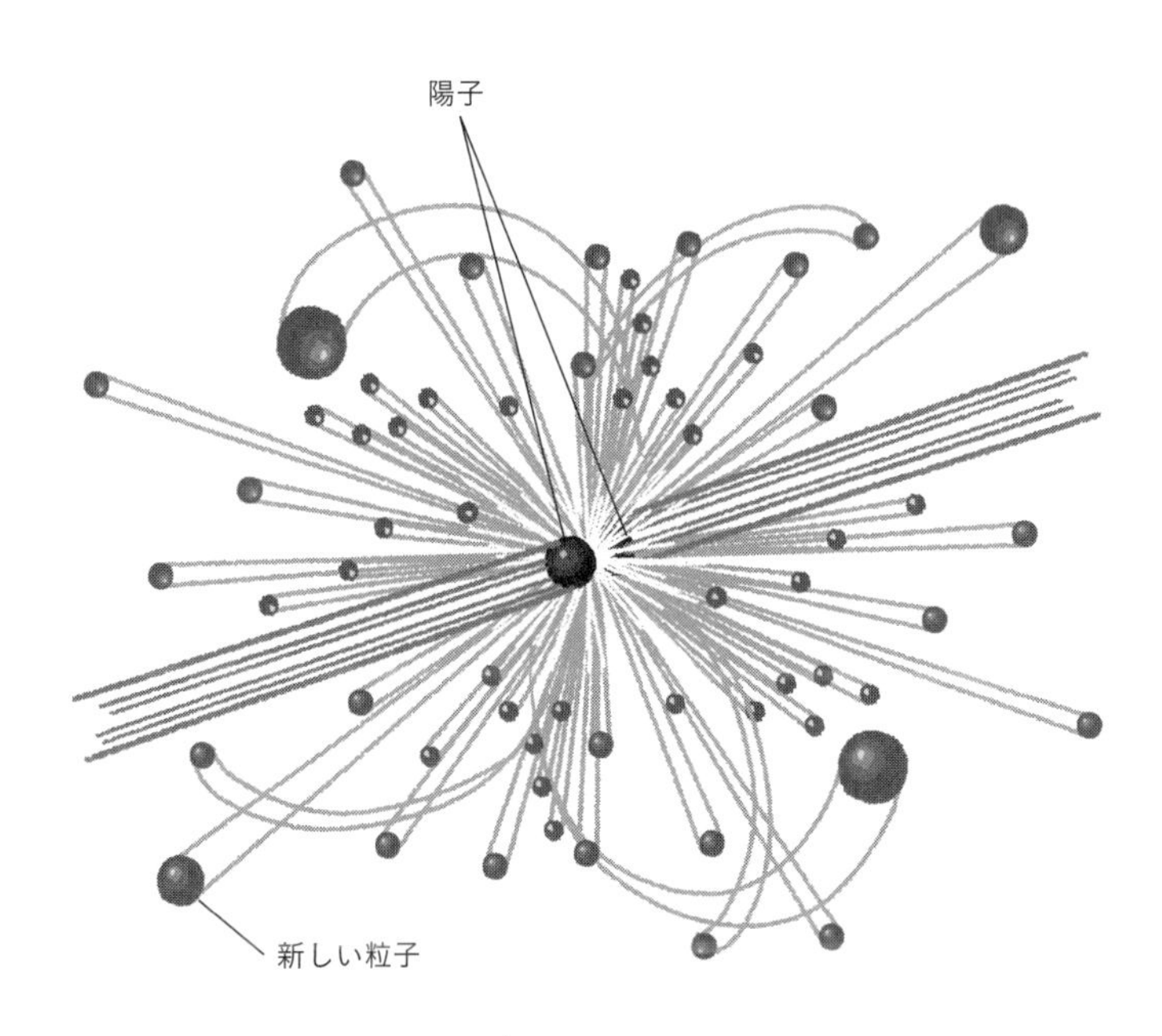

図1-7.　粒子発生のイメージ

工的〟に行うための実験装置のことです。加速器は内部が真空になったパイプが本体で、その中で陽子などの粒子を光の速度近くまで加速させることができます。そして猛スピードに加速した粒子どうしを正面衝突させると、エネルギーの大きさに応じた、さまざまな新しい粒子が生みだされるのです（図1－7）。

素粒子物理学では、加速器は必須の実験道具です。実際に、加速器実験によって数々の新しい素粒子が発見されました。

スイスのジュネーブにはヨーロッパ原子核研究機構（CERN）の巨大な加速器「LHC」があります。この加速器は、1周が27キロメートルもあるリングになっています。これは、JR山手線の長さに匹敵します。LHCは素粒子物理学の最も重要な実験施設の一つといえるでしょう。

さて、脱線しましたが、ともかく宇宙線や加速器の実験などから、クォークには6種類の仲間が見つかっています。

クォークに仲間がいるように、電子にも仲間がいます。負の電気を帯びた粒子である電子は1897年にジョセフ・ジョン・トムソン（1856〜1940）によって発見されました。現在、電子はそれ以上分割できていないため、素粒子だと考えられています。

電子の発見ののち、宇宙線の観測や加速器の実験で、電子とよく似た負の電気を帯びたほかの素粒子も見つかりました。1937年発見された「ミュー粒子（ミューオン）」と、1975年に発見された「タウ粒子」です。

さらに1930年にはヴォルフガング・パウリ（1900〜1958）が、電気

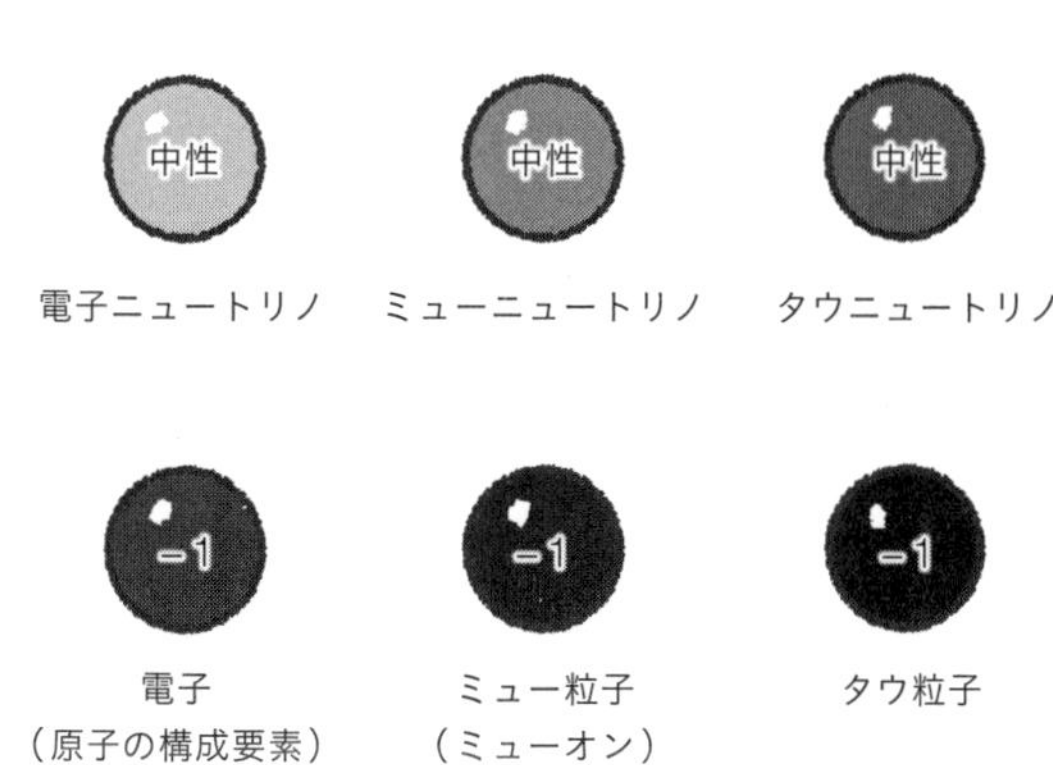

図1-8.　電子・ニュートリノの仲間（レプトン）

電子・ニュートリノの仲間たちをレプトンという。

を帯びておらず、電子よりも圧倒的に軽い素粒子の存在を予言しました。その予言通り、1950年に新たな素粒子が発見され、ニュートリノと名づけられます。その後、ニュートリノには3種類あることが判明しました。こうして、現在発見されている電子の仲間は6種類となりました。この6種類の電子の仲間は「レプトン」とよばれています（図1－8）。

ここまで12種類の素粒子を紹介しました。この12種類は「物質を形づくる素粒子」に分類されます。このほかにも、「力を伝える素粒子」というグループも存在します。

くわしくは第3章で説明しますが、自然

光子
（光の素粒子）

W粒子
（ウィークボソン）

Z粒子
（ウィークボソン）

グルーオン

図1-9.　力を伝える素粒子の仲間

界のあらゆる力は素粒子のやりとりで伝えられると考えられています。そしてそういった力は、物質をつくる素粒子の仲間とは別の素粒子たちの存在によって成り立っています。それが、力を伝える素粒子です。現在、力を伝える素粒子として、4種類が見つかっています（図1－9）。

　そして最後に、万物に質量をあたえる素粒子「ヒッグス粒子」があります。くわしい説明はしませんが、電子などの素粒子が質量をもっているのは、この「ヒッグス粒子」のおかげだと考えられています。2012年に発見され、大きなインパクトをあたえました。

　というわけで、現在までに見つかっている基本的な素粒子は17種類です（図1－10）。ただし、未発見の素粒子の存在も予言されているので、今後17種類から増える可能性があります。

物質を構成する素粒子の仲間

クォークの仲間

アップクォーク

チャーム
クォーク

トップ
クォーク

ダウンクォーク

ストレンジ
クォーク

ボトム
クォーク

電子・ニュートリノの仲間

電子
ニュートリノ

ミュー
ニュートリノ

タウ
ニュートリノ

電子

ミュー粒子
（ミューオン）

タウ粒子

力を伝える
素粒子の仲間

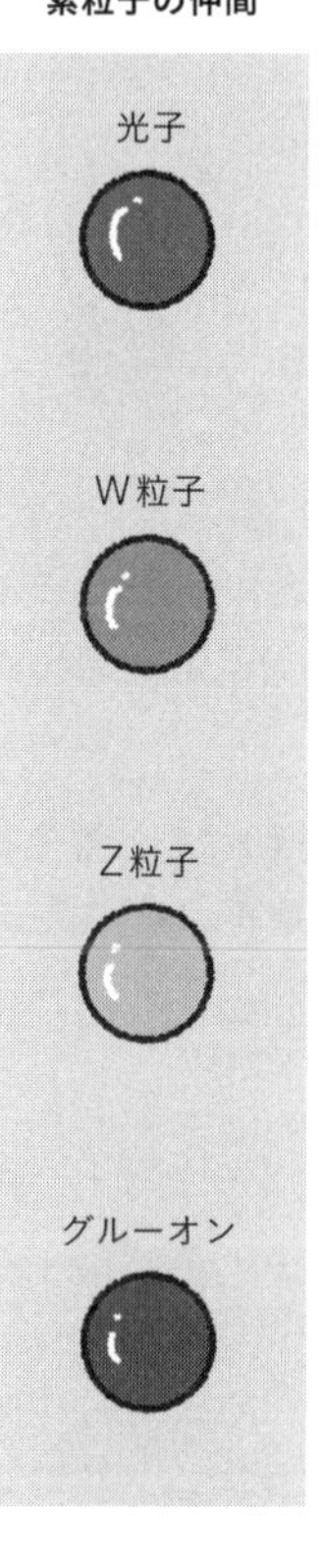

万物に質量を
あたえる素粒子

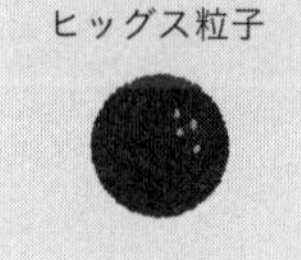

図1-10. 現在見つかっている素粒子

17種類の素粒子が見つかっている。

素粒子には、パートナーとなる影の素粒子が存在する

図1-11. 電子と陽電子

電子には、陽電子という反粒子が存在する。

今見つかっている17種類の素粒子には、それぞれ「影の素粒子」ともよぶべきパートナーがいます。影の素粒子は「反粒子」といい、元の素粒子とは重さなどの性質は同じですが、おびている電気の符号がプラスとマイナスで逆という特徴があります。

たとえば電子には「陽電子」という反粒子が存在します。陽電子は重さが電子とまったく同じで、電子と逆の、プラスの電気をおびています（図1－11）。

　ただし、反粒子は自然界にはあまり多く存在しません。通常の粒子と反粒子が出合うと、大きなエネルギーを放出し、両者が消滅してしまうためです。これを「対消滅」といいます。宇宙線と大気の衝突や雷などにともなって、反粒子が発生することがありますが、すぐに空気などと対消滅をおこして消えてしまうのです。なお、光子、Z粒子、グルーオン、ヒッグス粒子は粒子と反粒子の区別がなくパートナーはいません。

ひもの振動のちがいで、いろんな素粒子が生まれる

　超ひも理論では、素粒子の正体をひもだと考えます。ではそのひもはいったい何でできているのでしょうか。たとえばダイヤモンドは細かく分けていくと炭素に行き着くため、素材は炭素原子だといえます。そして炭素原子の素材は、陽子や中性子、電子だといえるでしょう。

　ところが素粒子についてはそれ以上分割できないため、素材を考えようがありません。

また素粒子はたくさんの種類がありますが、ひもの種類は1種類だけだと考えられています。超ひも理論のひもはものすごいスピードで振動しているため、振動のしかたや巻き方などによって、1種類のひもがちがう種類の素粒子に見えると考えられているのです。

弦楽器にたとえると、想像しやすいかもしれません。弦楽器は弦の振動のしかたを変えることで、同じ弦からさまざまな音色をつくりだすことができます。同じように超ひも理論のひもも、〝振動のちがいが素粒子の性質のちがい〟として私たちに見えている、ということになります。

さて、この第1章では「超ひも理論」や「素粒子」について、簡単に紹介してきました。次の章では、超ひも理論のひもとはどういうものなのかを、くわしく説明します。

第2章

超ひも理論の「ひも」はどのようなものか

ひもの長さは10^{-35}メートル

超ひも理論の「ひも」とは、いったいどういうものなのでしょうか？　ここからはいよいよ、その実態にせまっていきます。まずはひものサイズから見ていきましょう。

超ひも理論のひもは、一般的なひもとは少しちがいます。なぜなら「太さがない」と考えられているからです。つまりひもの太さはゼロで、断面は大きさのない「点」ということになります。太さのないひもなど、通常の感覚ではありえないでしょう。当然、絵にえがくこともできません。この本では太さがあるようにひもをえがきますが、実際には、ひもは太さゼロの1次元の物体なのです。

次に、「長さ」について考えていきましょう。太さとはちがい、ひもには長さがあります。ではどれくらいの長さでしょうか。第1章で、原子の大きさは10^{-10}メートルほどで、その内部にある原子核が10^{-15}メートルほどだと説明しました。この原子や原子核は小さすぎて、とても肉眼で見ることはできません。最先端の電

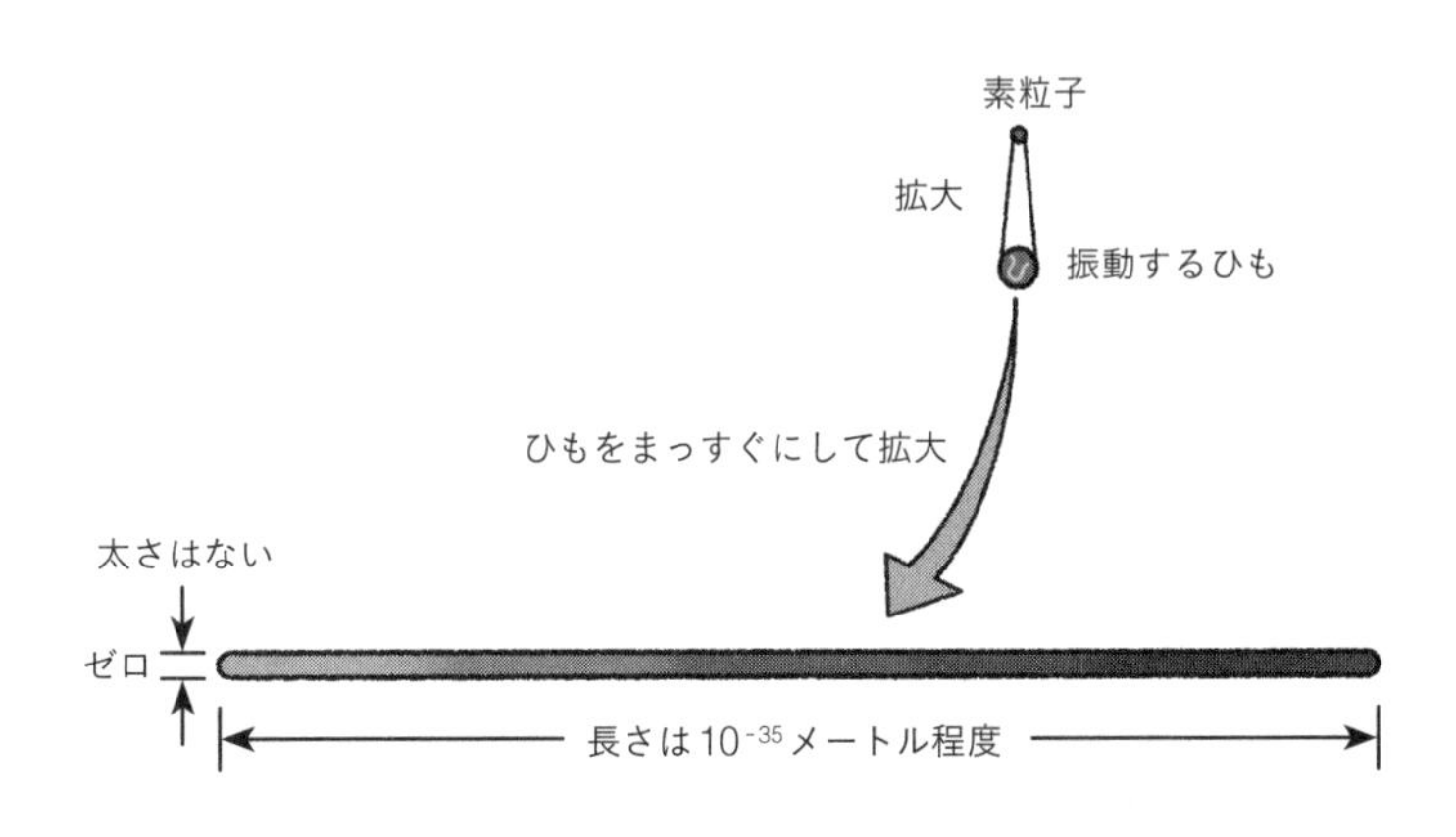

図2-1.　ひもの長さ

粒子の正体と考えられるひもは、10^{-35}メートルほどの長さしかない。

子顕微鏡を使って、どうにかぼんやりと原子の姿を眺めることができる程度です。

しかし、超ひも理論のひもは、原子や原子核とは比較にならないほど、さらにさらにうんと小さいものになります。ひもは原子核の大きさの1000兆分の1の、さらに10万分の1程度、つまりわずか10^{-35}メートルほどしかないのです（図2－1）。

あまりにも小さすぎて、とてもイメージできないかもしれません。そこで、ひもの大きさがどのくらいなのかをたとえてみましょう。

1個の原子を、私たちが住む天の川銀河の大きさに拡大してみましょう。すると中心にある原子核は、太陽系の果てくらいの

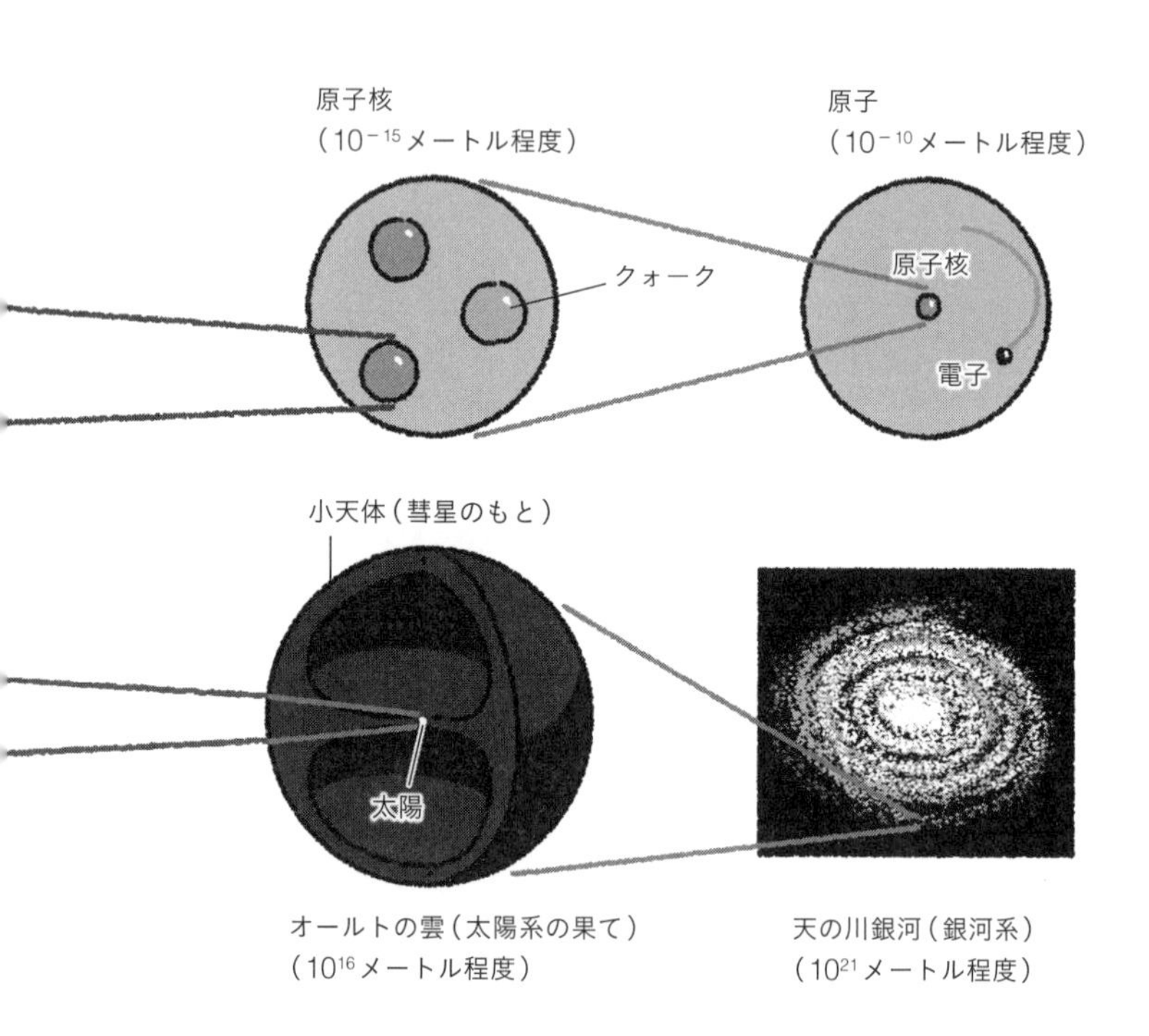

大きさになります。天の川銀河は、10^{21}メートルほどで、太陽系の果ては10^{16}メートル程度の大きさです。さて、このときひもは、どれくらいの大きさになると思いますか？　地球の大きさくらいでしょうか？　それとも、日本の大きさくらいでしょうか？

実は、これほどのスケールに拡大したとしても、ひもは単細胞生物のゾウリムシくらいのサイ

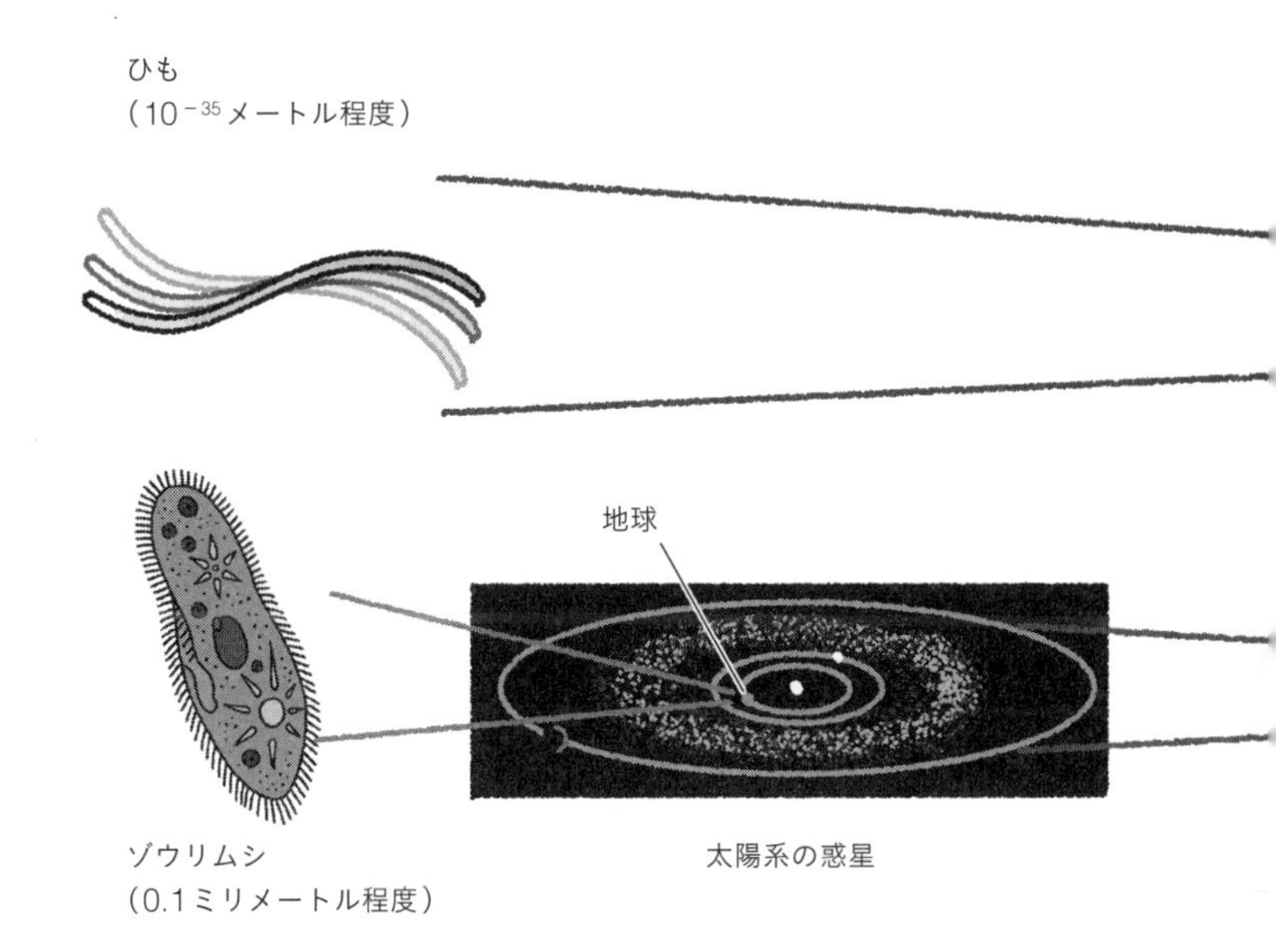

図2-2.　ひもの大きさ

原子を天の川銀河ほどに拡大したとすると、超ひも理論のひもは、ゾウリムシほどの大きさになる。

ズにしかなりません（図2−2）。つまり原子とひもを比べることは、天の川銀河とゾウリムシを比べることと同じようなことなのです。ですから、どのような技術をもってしても、ひもを見ることは決して不可能です。

この極小のひもが、身のまわりのあらゆる物質、そして私たちの体をつくっていると考えるのです。

ひもは切れたりくっついたりする

つづいて、ひものさまざまな性質を見ていきましょう。まず、超ひも理論のひもは、のびたり縮んだりします(図2－3)。ただしこれは、私たちが日常で目にするゴムひものようなものとはことなります。

たとえばゴムひもは、両端を引っ張ってのばすと、少しずつのびにくくなります。つまり、のびるにつれて引きもどそうとする力、すなわち張力が強くなるのです。一方、超ひも理論のひもは張力がつねに一定です。ですから、張力以上の力で引っ張ればのびつづけます。

ただし、超ひも理論のひもをのばすにはものすごく大きな力が必要になります。なぜなら、ひもの張力は10^{44}ニュートンほどにもなるからです(「ニュートン」は力の単位)。10^{44}ニュートンを地表の重力に換算すると、およそ10^{40}トンのおもりにかかる重力の大きさに相当します。たとえ私たちがひもの両端を思いっきり引っ張ったとしても、うんともすんともしないでしょう。

では、もし超ひも理論のひもを張力以上の力で引っ張ったとしたら、どこまでものびつづけるのでしょうか。実は、そうではありません。ある程度のびると切れて、二つに分かれると考えられています。ただし、どのくらい切れやすいかは

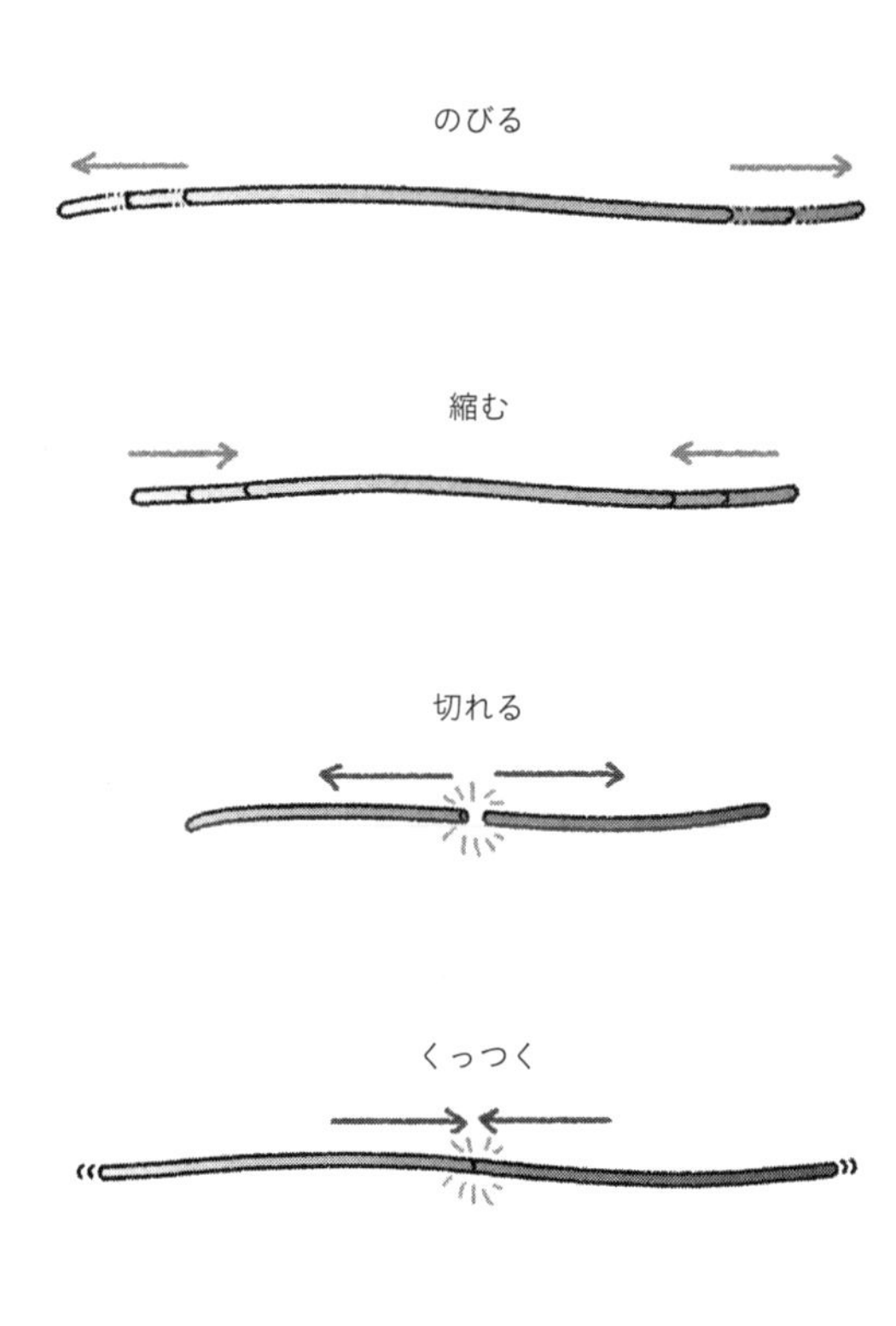

図2-3.　のび縮みしたり、切れたりくっついたりするひも

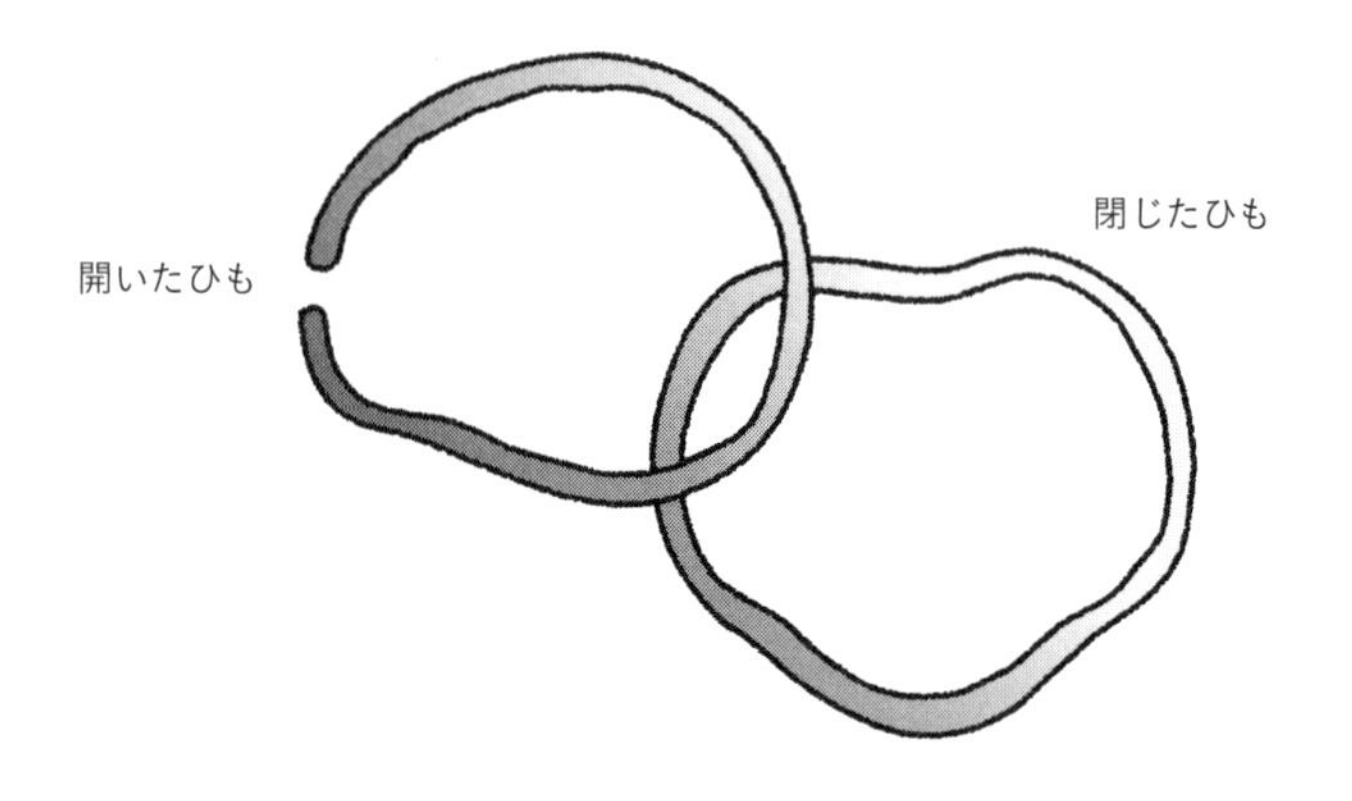

図2-4. 開いたひもと閉じたひも

ひもには、両端が分かれている開いたひもと、両端がくっついた閉じたひもがある。


わかっていません。

また逆に、二つのひもがくっついて一つになることもあると考えられています。

さらに、1本のひもの両端がくっついて、輪っか状のひもになることもあります。このことから、ひもは「開いた状態」とリング状の「閉じた状態」の二つがあると考えられています（図2－4）。このようにひもには二つの状態がある、というのは大事な特徴なので、覚えておいてください。

ひもは1秒間に10^{42}回振動している

ここまで、ひものさまざまな特徴を紹介してきましたが、さらにひもには、最も重要な特徴があります。それは「たえず猛烈に振動している」ということです。その振動の速さは、1秒間に10^{42}回以上と考えられています。

1秒間に振動する回数のことを「振動数」といい、ヘルツ（Hz）という単位であらわします。ひもの振動数は10^{42}Hz以上というわけです。これは、わずか1秒間に1兆回の1兆倍の1兆倍のさらに100万倍という、途方もない速さの振動になります。たとえば、バイオリンの弦をそのままはじいたときの振動数はせいぜい数百Hzです。ひもは、楽器の弦とはくらべものにならないくらい猛烈な振動をしているのです。あまりにも激しい振動のため、開いたひもの場合、端の部分が動く速さは光速にも達します。光速とは、真空中を光が進む速さのことです。秒速約30万キロメートルで、自然界の最高速度だとされています。

ひもの振動のしかたを見てみよう

ひもは超高速で振動しており、第1章で説明したとおり、その振動のちがいが素粒子のちがいになります。では、いったいひもはどのように振動しているのでしょうか。ここではひもの両端が固定されていない、開いたひもについて、その振動のしかたを見てみましょう。

ここではわかりやすいようにひもの振動を絵にあらわして紹介しますが、実際にはひもの振動を正しく絵にえがくことはできません。その理由は第5章で説明します。

さて、両端が固定されていない開いたひもは、波の「山」と「谷」がその場で上下するように振動します。海の波は山や谷が移動しますが、このときのひもの振動は、山と谷の位置が動きません。このような振動でできる波を「定常波」といいます。

定常波には、動かない「節」と、山もしくは谷の頂点となる「腹」があります。

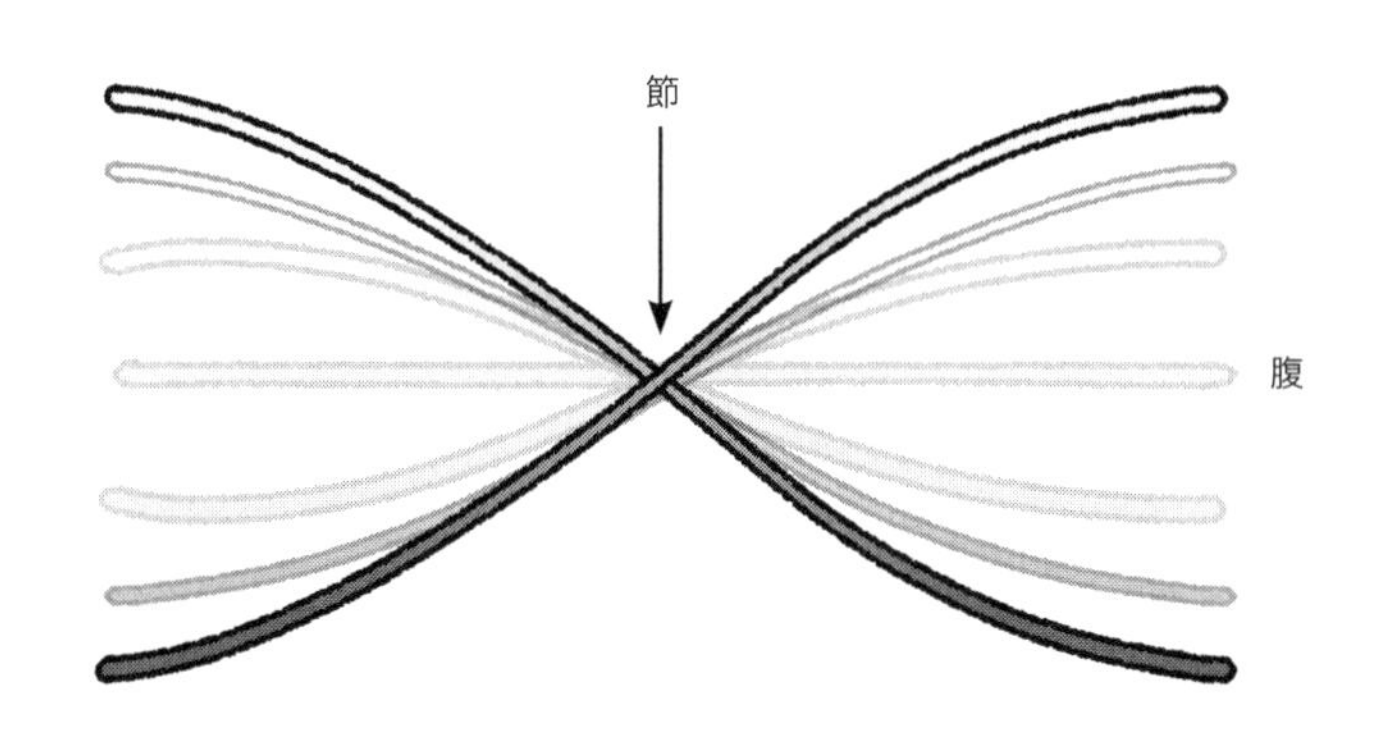

図2-5.　定常波の節と腹

ひもが振動するとき、ほとんど動かない節と、大きく動く腹ができる。

節と腹の数が増えることで、振動のしかたがちがってくるのです（図2－5）。

基本的な振動パターンをいくつか紹介しましょう。次のページのイラストは、節の数ごとに振動のしかたをあらわしたものです（図2－6）。

開いたひもは、ひもの端に波の腹があるような振動をします。また、ひもが開いているか閉じているかによっても、振動のしかたはちがってきます。このような振動のちがいが、素粒子のちがいとなるのです。ひもの振動は波の山と谷の数が多いほど、はげしい振動だといえます。そして、ひもの振動がはげしいほど、質量の大きな素粒子になります。

「$E = mc^2$」という式を見たことはあるでしょう

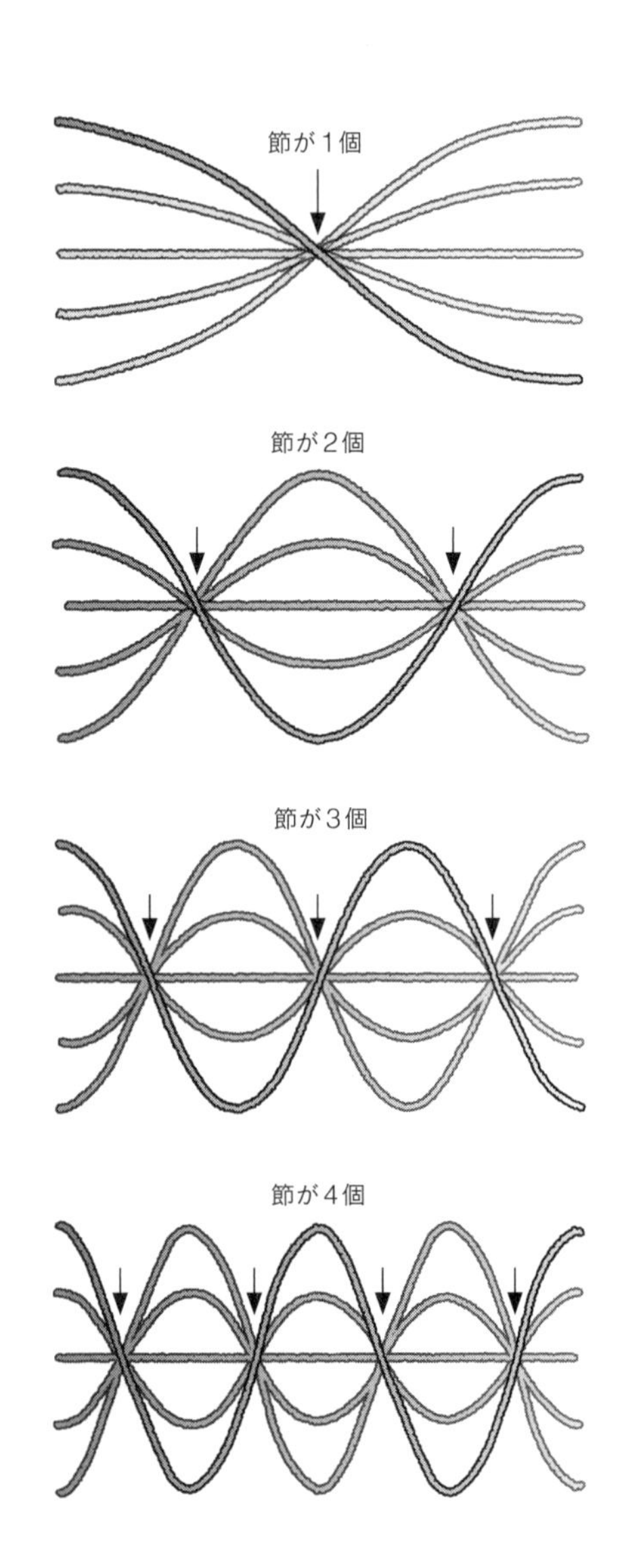

図2-6.　節の数でことなる振動のしかた

か？　これはアインシュタインの相対性理論によって導かれる式で、$\boldsymbol{E}$はエネルギー、$\boldsymbol{m}$は質量、$\boldsymbol{c}$は光速をあらわしています。この式はエネルギー（$\boldsymbol{E}$）と質量（$\boldsymbol{m}$）が、本質的に同じものであることを示した式です。

はげしい振動をしているひもは大きなエネルギーをもつことになり、$\boldsymbol{E}=\boldsymbol{mc}^2$の式から、すなわち大きな質量をもつことになります。ひも自体には質量はないと考えられていますが、振動することで、はじめて質量が生まれると考えられるのです。

ちなみに現在17種類の素粒子が見つかっていますが、超ひも理論では、無限の種類の素粒子が存在すると考えられています。現在見つかっている素粒子は比較的質量が小さいものばかりで、一般的に重い素粒子ほど発見することがむずかしいとされています（図2－7）。今後、超ひも理論が予言する無数の重い素粒子が発見される日がくるかもしれません。

さて、この章で紹介してきように、ひもには一般の感覚では考えられないような不思議な特徴がたくさんそなわっています。そして、この極小の奇妙なひもが、この宇宙のあらゆる物質をつくっていると、超ひも理論では考えるのです。

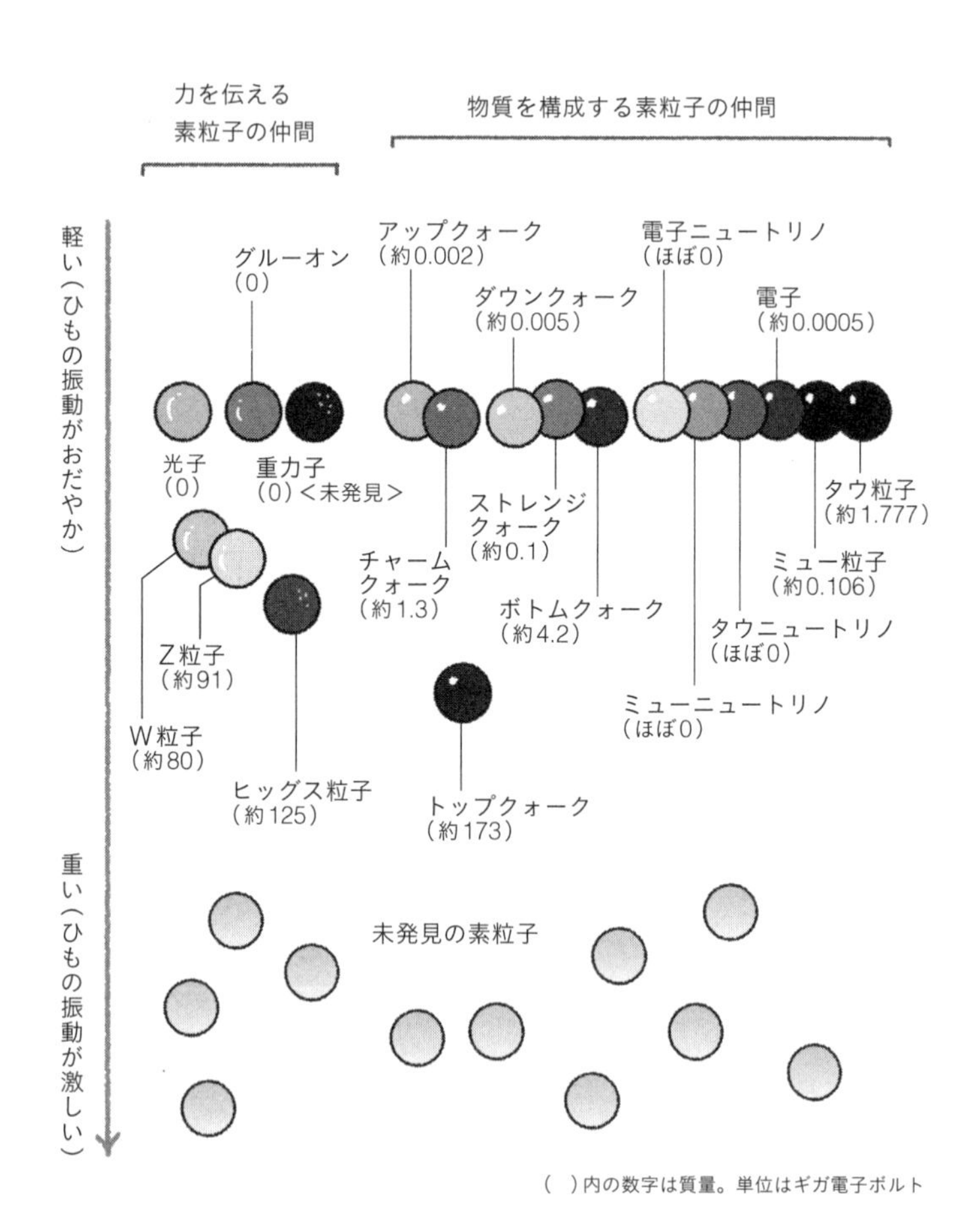

図2-7.　現在見つかっている素粒子

第3章

すべての力は
ひもが生みだしている

自然界はたった四つの力が支配している

第2章までに見たように、超ひも理論によると、この世界のあらゆる物質は奇妙なひもでできていることになります。ただし、ひもは物質の根源であるだけではありません。この自然界にさまざまな変化を引きおこす「力」の根源でもあるのです。この第3章では、自然界の「力」と、「力を伝える素粒子」に焦点を当てましょう。

中学高校の理科や物理では、力というのは、物の運動を変えるものだと習います。静止している物を動かしたり、物の動きの向きを変えたり、速くしたり遅くしたりできるものが力というわけです。たとえば自動車を発車させたり加速させたり、停車させたりするのも力です。

私たちの身のまわりには摩擦力、圧力、万有引力、張力など、さまざまな力が存在しています。その種類は数え切れないほどでしょう。しかし、現代の物理学では、自然界を支配する基本となる力は、うんと少ないと考えます。その数はわずか四つです。自然界のあらゆる力はたった「四つの力」で説明できるというのです。

四つの力とは「電磁気力」、「重力」、「強い力」、「弱い力」です（図3－1）。ここでいう力は、物を引きつけたり遠ざけたりする、一般にイメージする力だけでなく、粒子の種類を変えるものも含む、広い意味での力を指します。自然界のあらゆる現象は、この四つの力によって引きおこされているといえます。

四つの力のうち、電磁気力と重力は私たちにも馴染みが深い力ですね。電磁気力は、静電気を帯びた下敷きが髪を引きつけるように、電気や磁気をもつ物が相手を引きつけたり遠ざけたりする力です。そして重力は、地球が月を引きつけるように、質量をもつ物が相手を引きつける力です。私たちが地球上に存在できるのも、地球の重力によって引っ張られているためです。

一方、強い力と弱い力は、極小の世界ではじめて顔を出す力で、私たちが直接実感することはできません。はじめて聞いた読者も多いでしょう。まず、強い力は、原子核の中の陽子と中性子がたがいに引きつけ合うときなどにはたらく力です。そして弱い力は、中性子がひとりでに陽子に変わるように、粒子の変化を引

A. 電磁気力

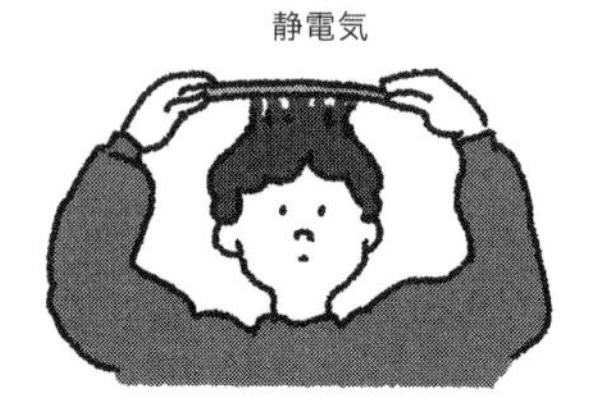

電磁気力は、電気や磁気をもつ物が、相手を引きつけたり遠ざけたりする力です。

B. 重力

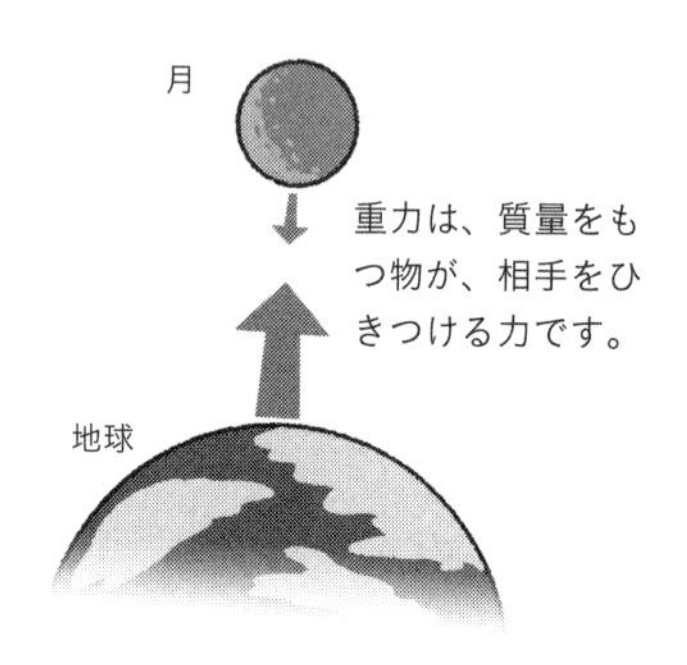

重力は、質量をもつ物が、相手をひきつける力です。

C. 強い力

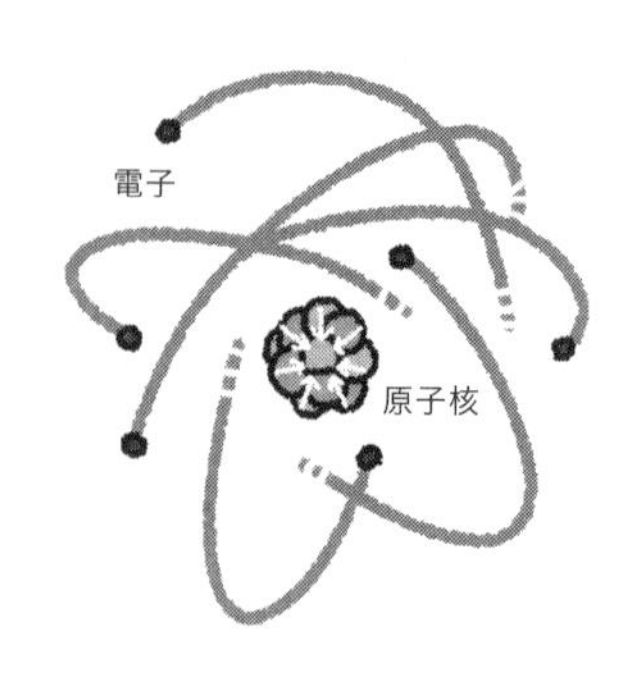

強い力は、原子核の中の陽子と中性子が、たがいに引きつけあってくっつく力です。

D. 弱い力

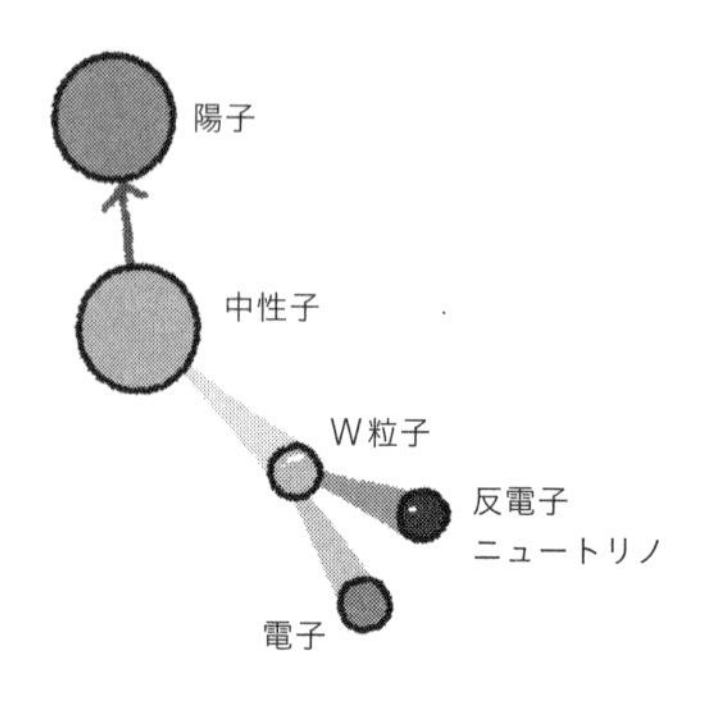

弱い力は、中性子がひとりでに陽子に変わるように、変化を引きおこす力です。

図3-1.　四つの力

きおこす力です。これら四つの力それぞれについては、またのちほどくわしく説明していきます。

自然界のあらゆる力がたった四つの力で説明できるというおどろくべき事実にたどりつくまでには、物理学者たちの長い研究の歴史がありました。物理学者はさまざまな現象を観察、分析して法則にまとめてきました。そしてようやくたどりついたのが、基本的な四つの力です。非常に数少ない力ですべてのものを説明することが、物理学の一つの方向性なのです。

磁石と電気の力「電磁気力」

四つの力について、それぞれくわしく見ていきましょう。まずは電磁気力です。小学校の理科の授業で、磁石のまわりに砂鉄をまく実験をやったことはありませんか。磁石のまわりに砂鉄をまくと、磁石の力（磁力）を受けて砂鉄が動き、N極とS極を結ぶ曲線があらわれます。この線を「磁力線」とよびます（図3－2）。

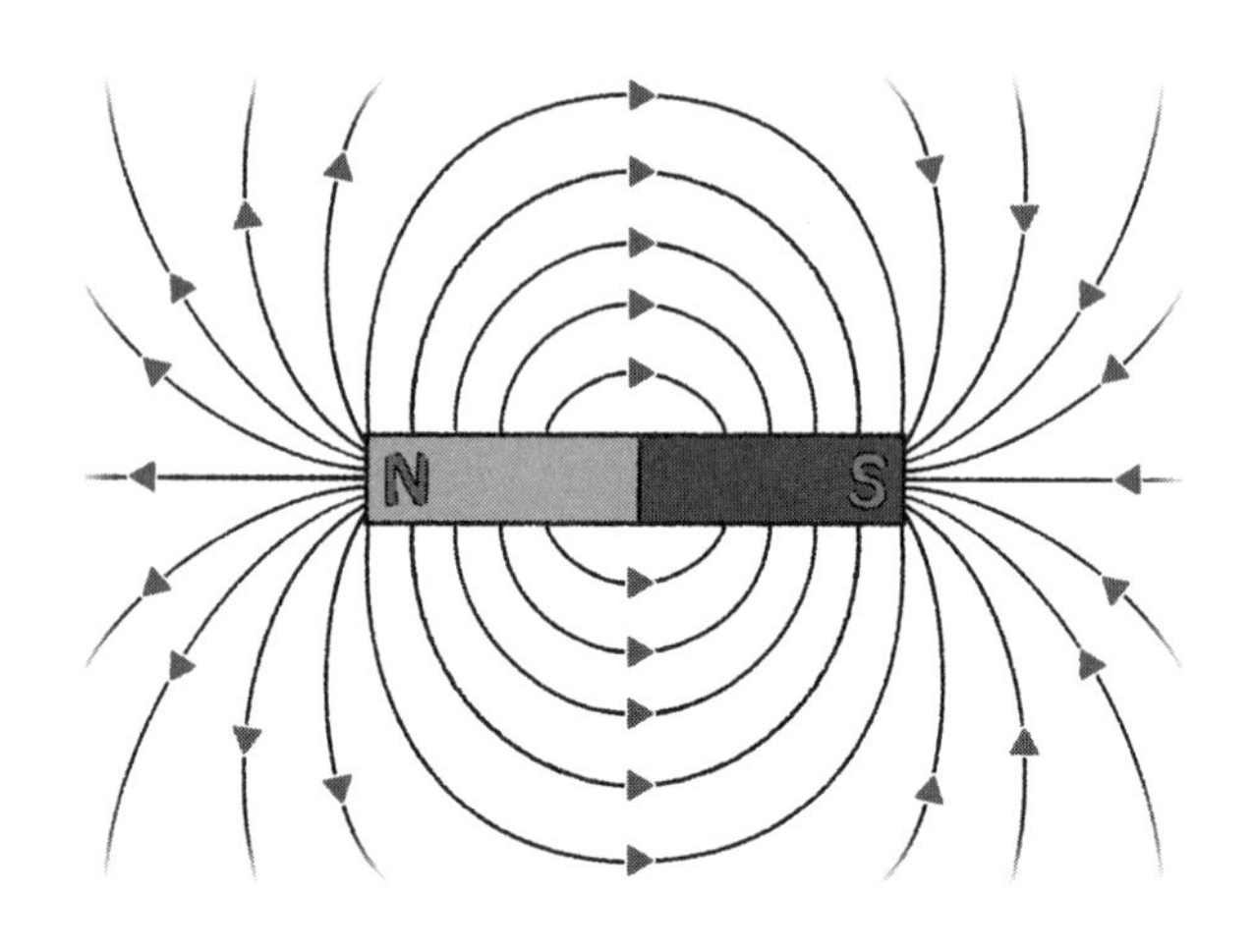

図3-2.　磁力線

磁石のまわりの磁場は磁力線をえがくことであらわすことができる。

磁力線は、場所によって磁力のはたらく向きや大きさが決まっていることを示しています。このように磁力は空間におよんでおり、「磁場」とよばれます。

同じように、プラスの電気をもつものとマイナスの電気をもつ物のまわりに木くずをまいたとします。すると、まかれた木くずが静電気の力を受けて並び、電気力線をつくります。空間におよんでいるこの電気の力を「電場」といいます。磁石の力や電気の力がはなれていてもはたらくのは、磁場や電場が、その中にある物に影響をおよぼすためです。

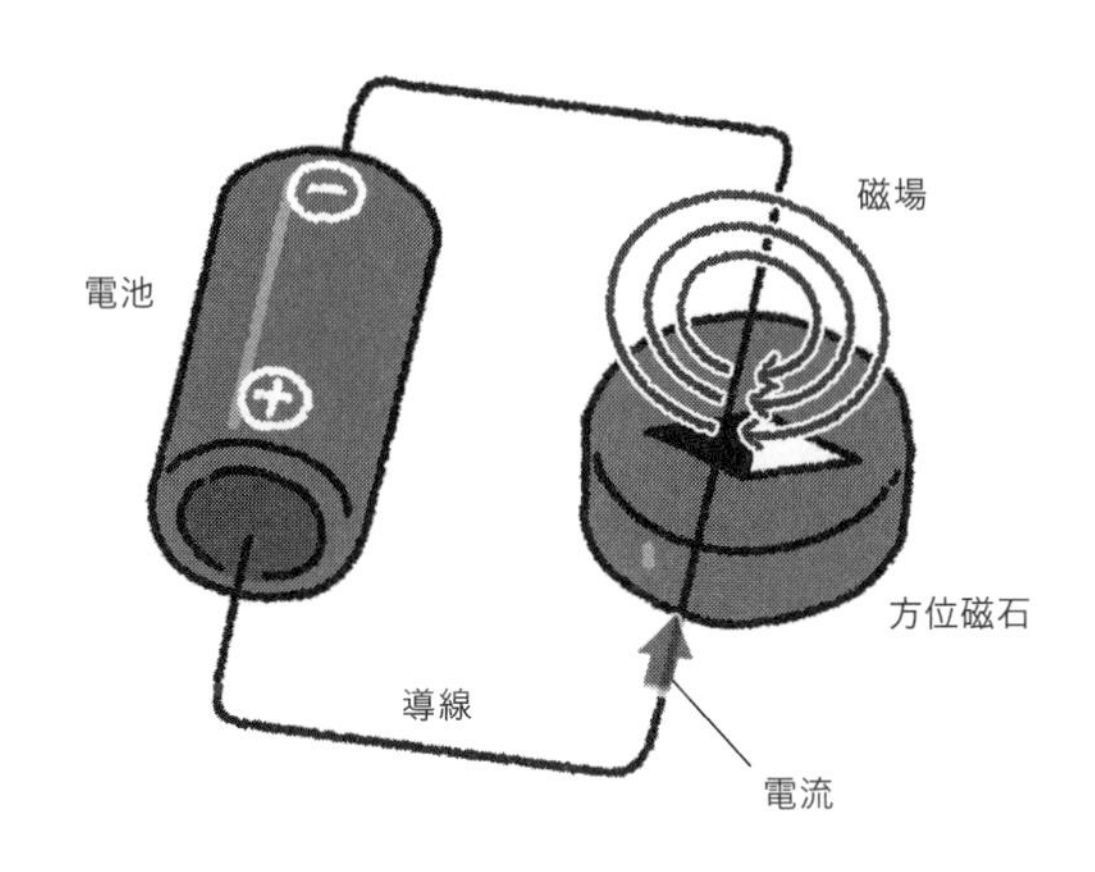

図3-3.　電流が磁場をつくる

電流を導線に流すと、導線のまわりに磁場ができる。

かつては磁石の力と電気の力は、それぞれちがうものだと思われていました。しかし現在では、磁石の力と電気の力は本質的に同じ力であることが明らかにされており、電磁気力としてまとめてあつかわれています。磁石の力と電気の力はどのようにして「統一」されたのでしょうか。その歴史を簡単にたどってみましょう。

１８２０年、デンマークの科学者、ハンス・エルステッド（１７７７〜１８５１）は、電流を導線に流すと導線のまわりに磁場ができることを発見しました（図３－３）。つまりエルステッドは、電流が磁場をつくることを見い

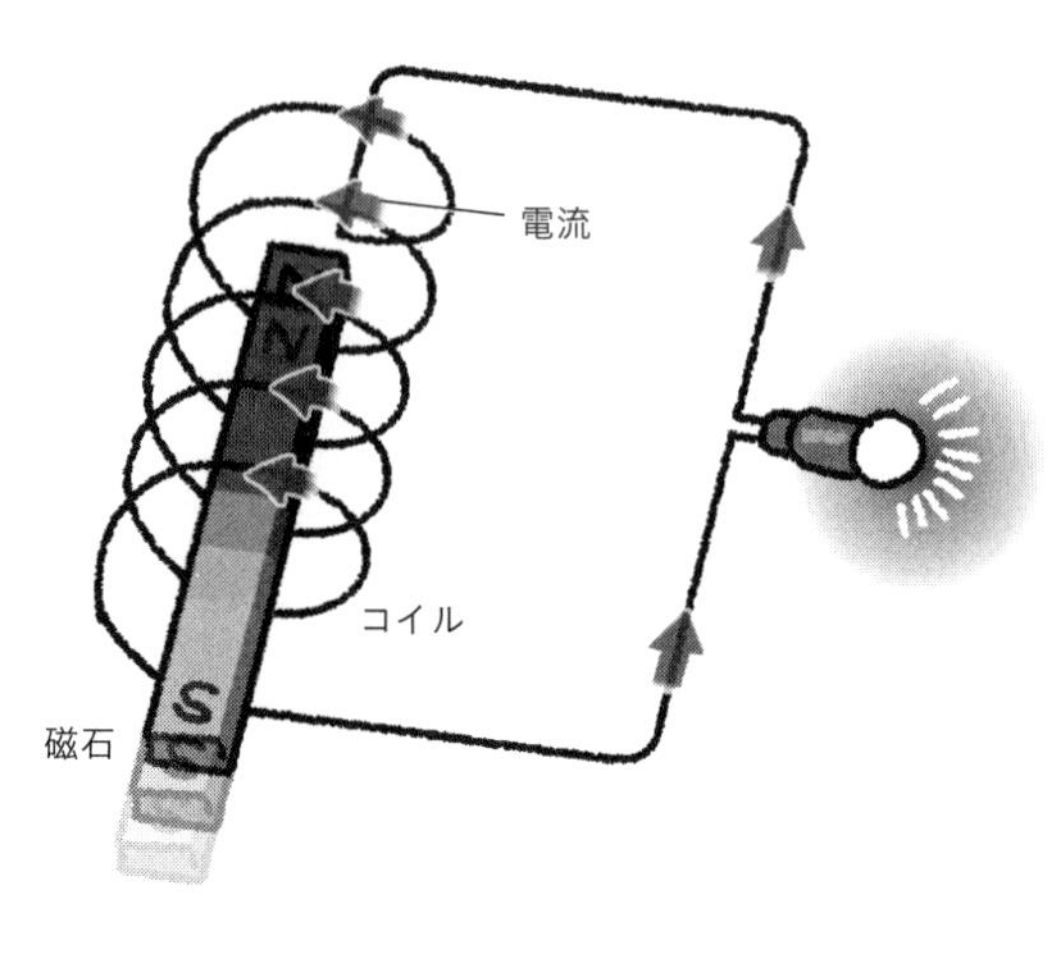

図3-4.　磁石が電流をつくる

磁石をコイルに出し入れすると、コイルに電流が発生する。

だしたのです。

さらにその後、イギリスの化学者で物理学者、マイケル・ファラデー（1791〜1867）は電流が磁場をつくるのならば、その逆に磁石も電気をつくるのではないかと考え、1831年にこれを実証しました（図3－4）。磁石をコイルの中に出し入れすると、コイルに電流が流れたのです。こうして、磁石の力と電気の力に関係があることが明らかにされてきました。

そして1864年、イギリスの物理学者、ジェームズ・クラーク・マクスウェル（1831〜1879、図3－5）が、磁石の力と電気の力が本質的に同じもの

図3-5.　ジェームズ・クラーク・マクスウェル

であることを見抜き、「マクスウェルの方程式」としてまとめました。こうして磁石の力と電気の力は電磁気力として統一的に理解されるようになったのです。

物理学は、このようにさまざまな現象を少ない決まりごとで説明することで発展してきました。そして自然界のあらゆる現象を説明するためにたどりついたのが、四つの力なのです。

身近な力のほとんどは電磁気力で説明できる

さまざまな現象が、たった四つの力だけで説明できてしまうとは、とても信じられないかもしれません。しかし、私たちが普段経験している力のほとんどすべては電磁気力で説明できてしまいます。

たとえば、野球のバットでボールを打てるのも電磁気力のおかげです。バットもボールものすごく拡大して見ると、原子がたくさん集まってできています。原子の内部では、プラスの電気をもつ原子核のまわりを、マイナスの電気をもつ電子がぐるぐるまわっています。

では、バットでボールを打つ瞬間、何がおきるのでしょうか。バットにボールが〝当たる〟とき、それぞれの原子内の電子がものすごく近づきます。その結果、マイナスの電気どうしが電磁気力によって反発します。そしてバットは電磁気力による反発によってボールを変形させ、さらに、ボール自身のもっている電子どうしがさらに反発するため、変形したままではいられずに広がろうとします。その勢いでボールが飛びだすのです（図3－6）。

第1章で見たように、原子内部の原子核や電子はとても小さく、原子はほぼスカスカです。もし電磁気力がはたらかなければ、ボールはバットに当たることなく、すり抜けるでしょう。このように、バットでボールを打つ力は、電磁気力で説明できるのです。

ほかの例も見てみましょう。掃除機でごみを吸う場合です。掃除機でごみを吸

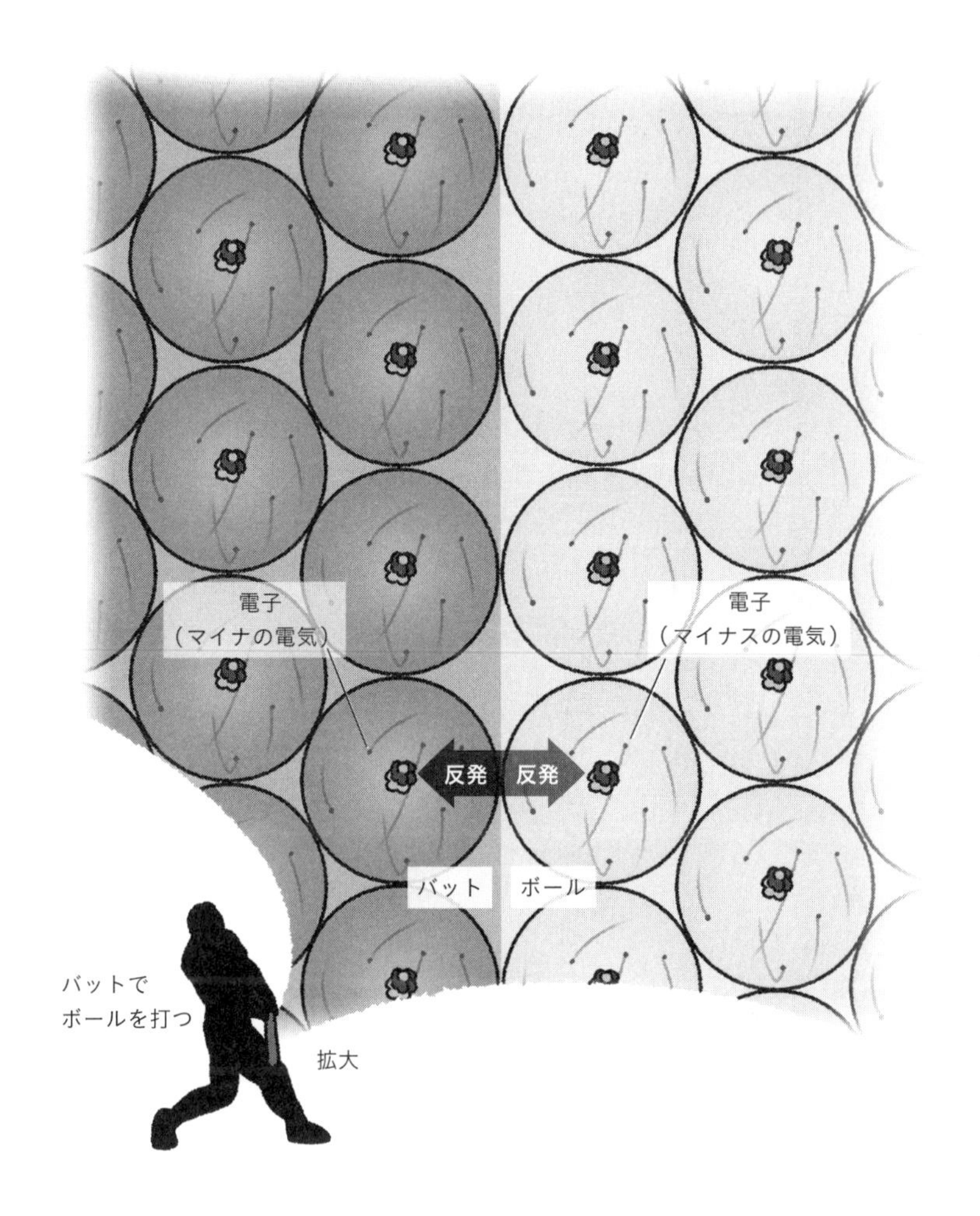

図3-6.　バットでボールを打つ

バットの電子とボールの電子が電磁気力で反発することで、
バットでボールを打つことができる。

うとき、掃除機の本体は中の空気が抜かれて気圧の低い状態になっています。そのため空気の分子が、掃除機のヘッドから本体にどんどん吸いこまれていきます。

このときに、空気の分子の電子とごみの電子が電磁気力によって反発するため、空気の分子がごみをつつきます。それにより、空気の分子がごみを押して、掃除機の中につっこんでくれるわけです。掃除機で部屋をきれいにできるのも、電磁気力のおかげといえるでしょう。

バットや掃除機の例のように、身のまわりのほとんどの現象は、元をたどれば電磁気力に行き着きます。

電磁気力は光の粒子によって伝えられる

はなれた磁石が引き合ったり、反発し合ったりするように、電磁気力ははなれたものどうしにもはたらきます。磁石で遊んでいるときなどに、これがなぜか不思議に思ったことはありませんか。

ここで登場するのが、力を伝える素粒子です。なんと電磁気力をはじめとする四つの力は、素粒子が行ったり来たりすることではたらくと考えられているのです。

具体的に、二つの電子が反発し合う例を見てみましょう。

マイナスの電気を帯びた電子は、つねに「光子」という素粒子を吸ったり吐いたりしています。そして、ある電子が放出した光子を別の電子が吸収すると、電子どうしに「反発力」がはたらくのです。このように、電磁気力は光子の受け渡しによって伝えられているわけです（図3－7）。

別の例も見てみましょう。たとえば原子の中では、原子核のまわりを電子がまわっています。このとき、原子核と電子の間でも光子のやりとりが行われています（図3－8）。これにより、電子と原子核の間に引きつけ合う力（電磁気力）がはたらきます。

磁石も同じです。磁石のN極やS極からは、たくさんの光子が出ています。この光子が別のN極やS極に吸収されると、引きつけ合う力や反発する力が発生します。

光子とは、光（電磁波）の、それ以上分割することができない基本的な単位と考

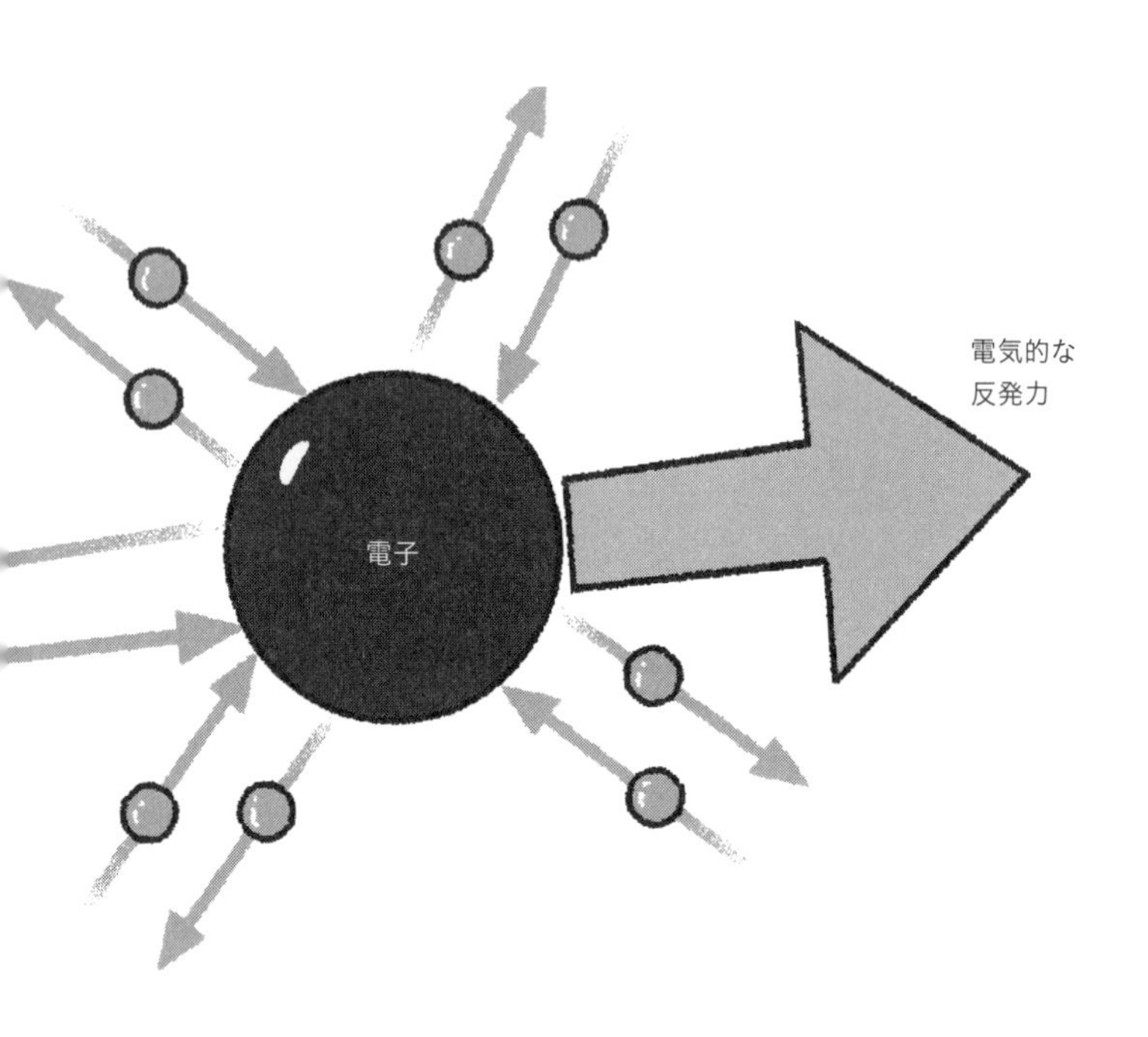

図3-7.　電子の間の光子のやりとり

二つの電子の間で、光子を受け渡しすることで電気的な反発力がはたらく。

えられている素粒子です。その光の素粒子が電磁気力を伝えているわけです。

ただし、電子や磁石から光子が出ているからといって、光って見えることはありません。光子はほんの一瞬しか存在しないため、観測することは不可能なのです。実際に目に見える光子を「実光子」といいます。それに対して、電磁気力を伝える目に見えない光子を「仮想光子」といいます。

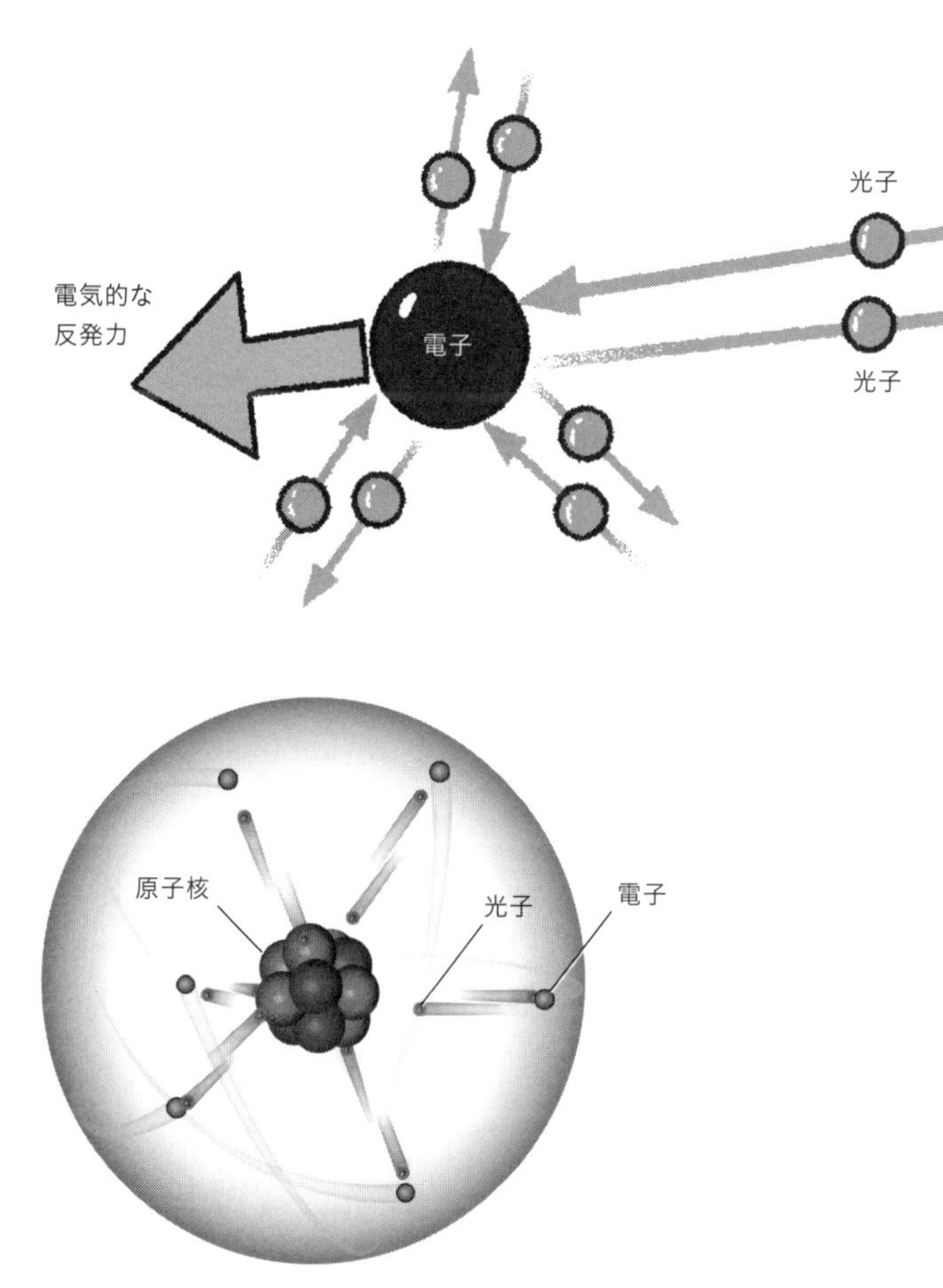

図3-8.　原子の中の光子のやりとり

プラスの電気を帯びた原子核とマイナスの電気を帯びた電子の間で光子を受け渡しすることで、電気的な引力がはたらく。

図3-9.　ボールの受け渡しではたらく反発力

ボールの受け渡しによって、二人ははなれる。

力は素粒子のキャッチボール

電磁気力だけでなく、四つの力はいずれも素粒子によって伝えられると考えられています。素粒子のやりとりで力が伝えられると聞いても、なかなかイメージがわかず、納得しがたいことでしょう。そこで、原理的に完全に同じではありませんが、キャッチボールで力が伝わる例を考えてみましょう。

氷の上でスケート靴を履いて向かい合った二人がいるとします。右の

図3-10.　ブーメランの受け渡しではたらく引力

右の人はブーメランを投げるとその反作用を受けるため、ブーメランと逆の左側に動く。一方左の人は、ブーメランに押されるので右側に動く。

人から、左の人に向かってボールを投げます。すると、右の人はボールから反作用を受けるため、ボールを投げた方向とは逆の右方向に動きだします。一方、左の人がボールを受け取ると、ボールに押されるため左方向に動きだします。つまりボールの受け渡しによって、二人の間の距離は広がり、反発力がはたらいたとみなせるのです（図3－9）。

次は電子と原子核のように、「引きつけ合う力」について考えてみましょう。こちらもあくまでイメージですが、今度は二人が背中あわせになり、右の人が左の人とは逆方向にブーメランを投げることを考えます。ブーメランはもどってきて、左の人が受け取ります。すると右の人はブーメランを投げた反作用で左に動きます。一方、左の人は受け取ったブーメランに押されて右に動きます。つまりブーメランの受け渡しによって二人は近づき、引力が生じたように見えます（図3－10）。

素粒子どうしの間にはたらく力も、何かを受け渡すことで力が生じる点は同じです。電子のように電気を帯びた素粒子どうしは、光の素粒子である「光子」を受け渡すことにより、反発力や引力をおよぼし合います。いうなれば、力は素粒子のキャッチボールなのです。

力の正体は、切れたりくっついたりするひも

さて、ここまで説明をしてきた力を伝える素粒子たちも、超ひも理論では「ひも」と考えます。すなわち、力はすべて〝ひもの受け渡し〟で説明できるということです。前述した電子が光子を吸収するようすを、ひもでえがくとどのようになるのでしょうか。

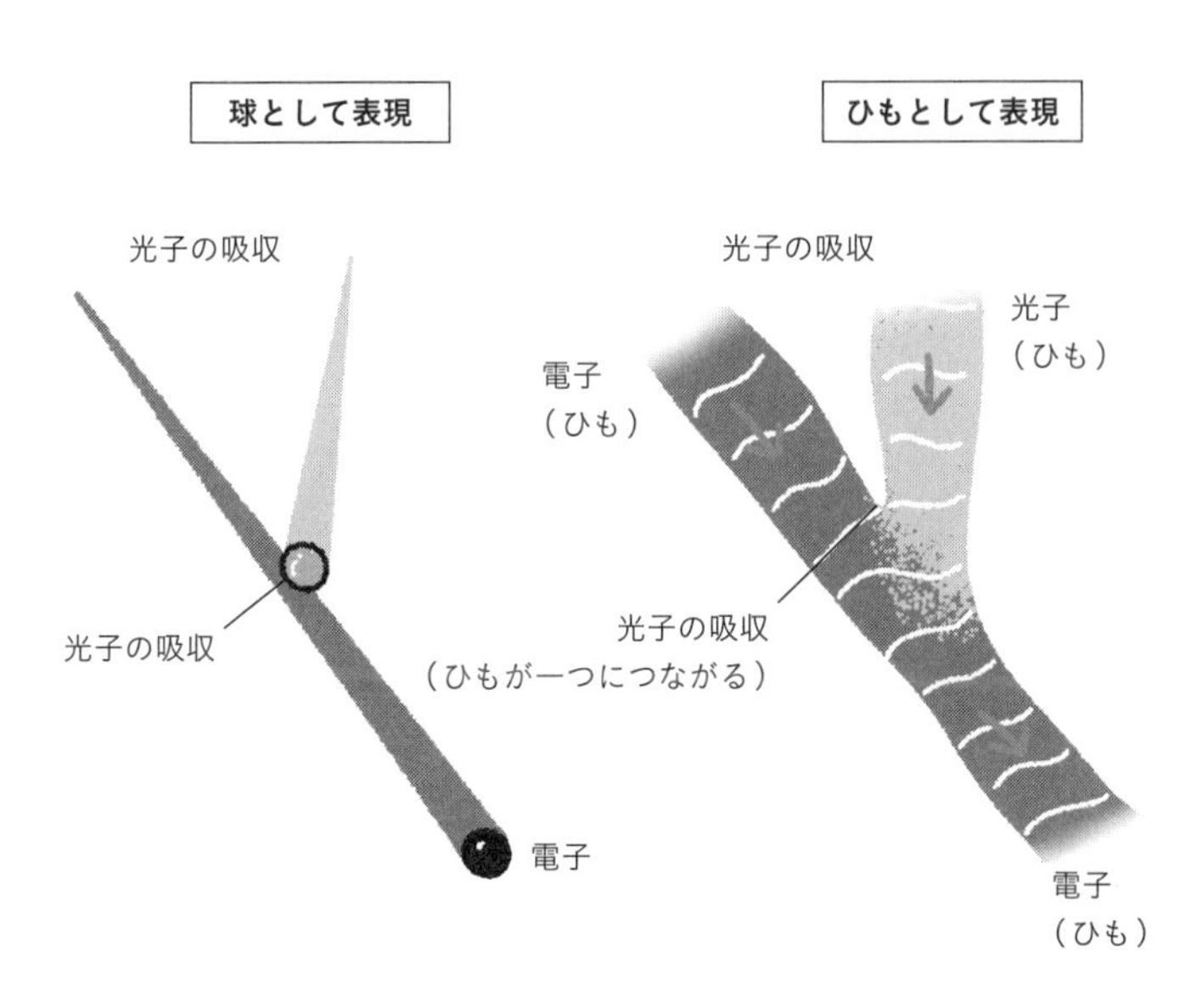

図3-11.　球とひもで表現した素粒子の吸収

図3－11は、素粒子の吸収を「球」と「ひも」で表現しています。

ひもとして表現する場合を考えます。電子も光子もどちらもひもですから、電子が光子を吸収するようすは、二つのひもがくっついて一つになることで表現できます。ひもがくっつくことはすなわち、ある素粒子が別の素粒子に吸収されることに対応しています。

逆に、1本のひもが切れて2本になることは、素粒子の放出を意味します。電子から光子が放出されるようすを、2種類の表現方法

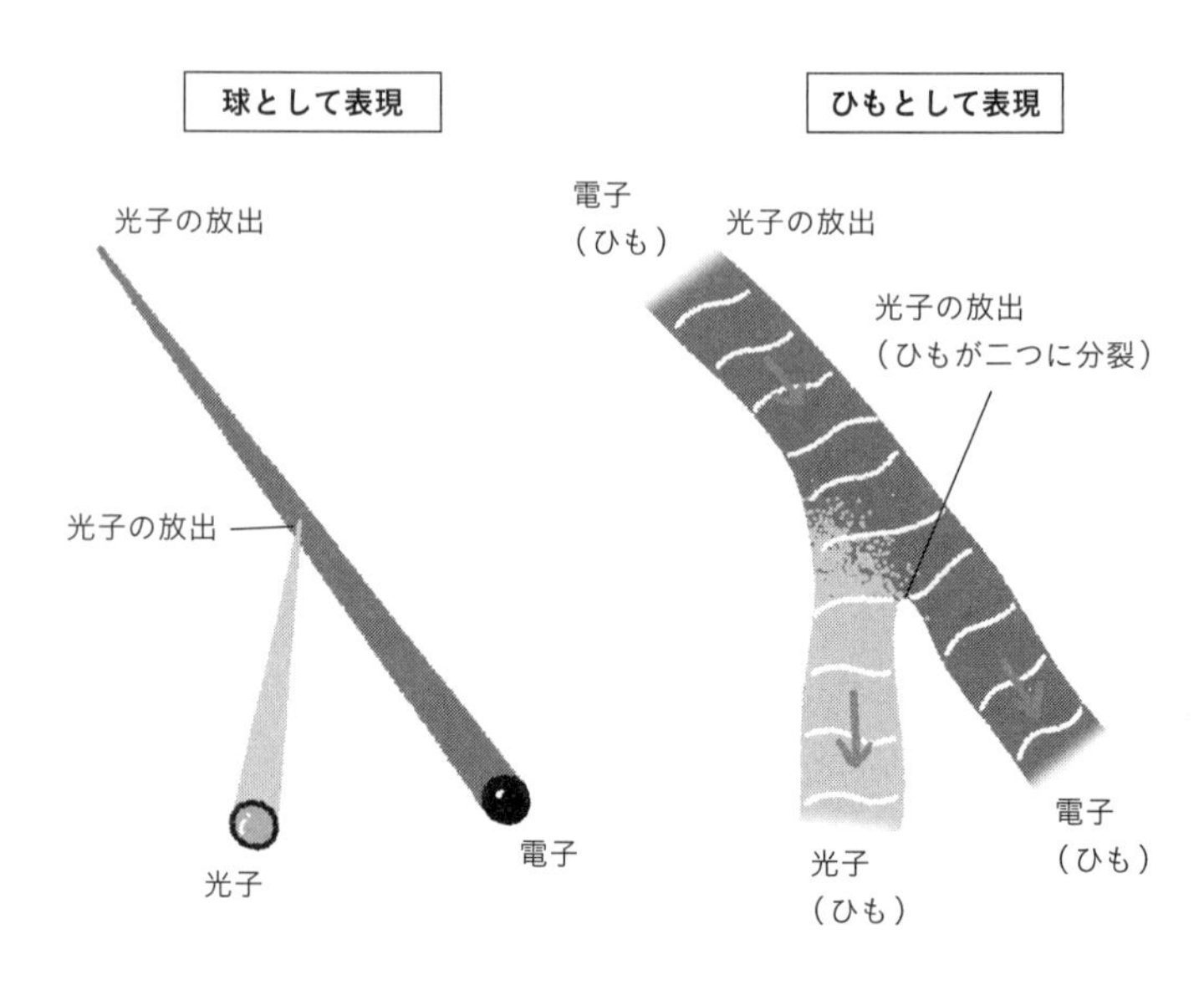

図3-12.　球とひもで表現した素粒子の放出

でえがいてみましょう（図3－12）。

図3－12では、ひもが二つに分裂することで、素粒子が放出されるようすを表現しています。つまり、一つのひもが切れて二つに分かれることは、ある素粒子が別の素粒子を放出する反応に対応するのです。

このように、力はひもの放出と吸収によって伝えられます。超ひも理論では、あらゆる力を「ひもの分離と融合」で、統一的に説明することを目指しているのです。

アインシュタインは、重力を時空のゆがみだと考えた

図3-13.　アイザック・ニュートン

　さて、少々脱線しましたが、「四つの力」へ話をもどしましょう。電磁気力の次に説明する力は「重力」です。重力は物が落ちるときにはたらく力ですので、身近で実感しやすいと思います。しかし重力は、現代物理学における大きな謎の一つなのです。まずは、重力とは何なのか、その探求の歴史を簡単に紹介しましょう。

　イギリスの天才科学者、アイザック・ニュートン（1642～1727、図3－13）は、リンゴが木から落ちるという地上の現象と、月が地球のまわりをまわるという天上の現象

が、どちらも同じ力によるものであることを見抜き、「万有引力の法則」を提案しました。質量をもつすべての物の間には、物の質量に比例した引力がはたらくことを明らかにしたのです。

その引力が「重力」です。たとえば人工衛星の質量を2倍にすると、地球と人工衛星の間にはたらく引力の大きさは2倍になります。

また、重力の大きさは距離にも依存します。重力の大きさは距離の2乗分の1に比例する、つまり距離が2倍になると重力の大きさは4分の1に、距離が3倍になると重力の大きさは9分の1になります。距離がはなれていくと、急激に重力は弱くなっていくのです。

重力は、目で見ることはできませんが、重力源から均等に飛びでた「重力線」としてあらわすことができます。重力線の密度が高い場所ほど、重力が大きいと考えます。図3－14では、地球(重力源)と、ことなる距離にある四角形をえがきました。四角形をつらぬく重力線の数から、地球の中心からの距離が2倍になると、地球の重力は4分の1になり、地球の中心からの距離が3倍になると、地球の重力は9分の1になることがわかります。

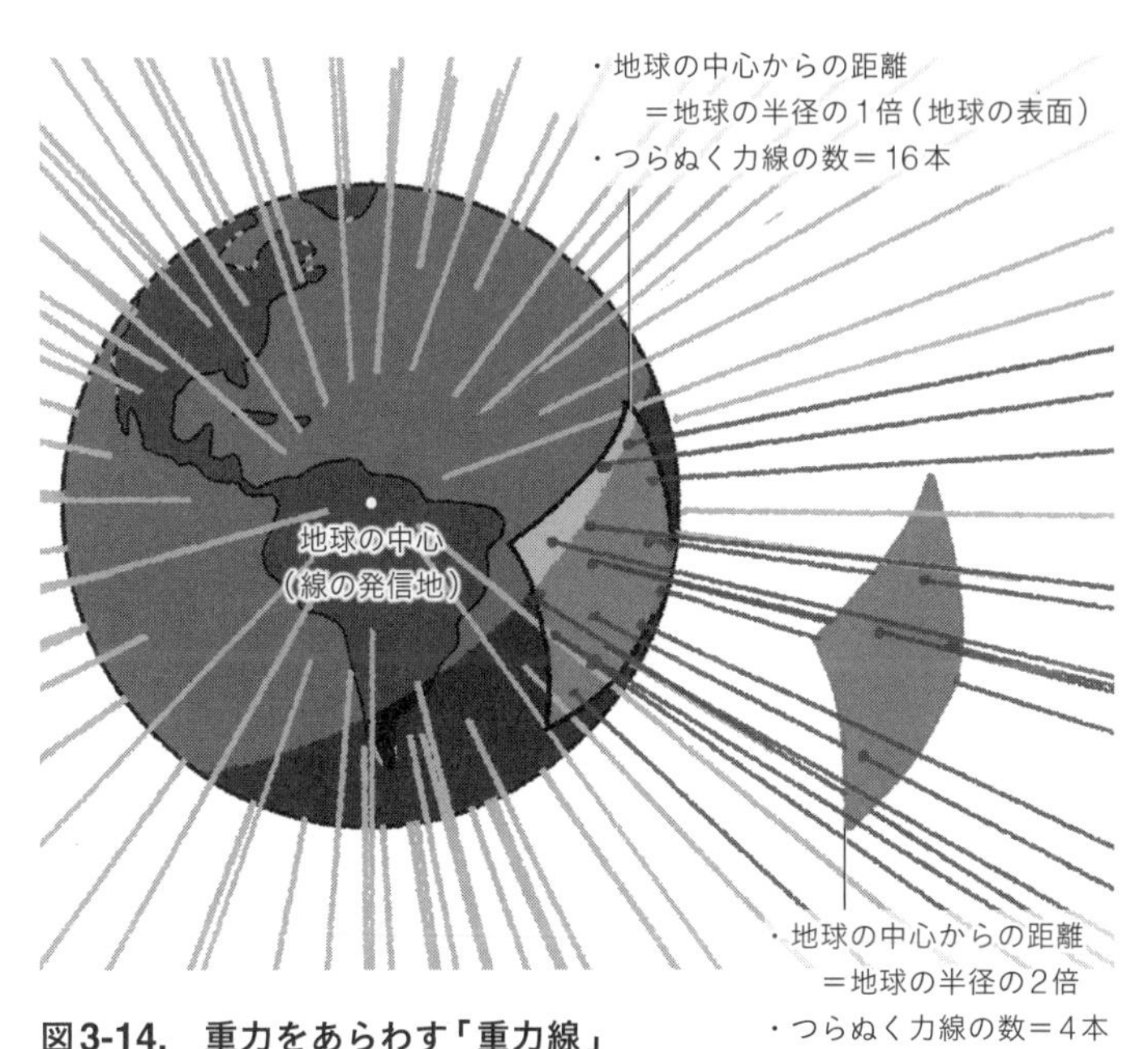

図3-14.　重力をあらわす「重力線」

重力線の密度が大きい場所ほど、重力は大きい。

ニュートンは地上の物体だけでなく、天上の星を含めたあらゆる物体が、このような万有引力の法則にしたがうことを明らかにしました。つまりニュートンは、地上の世界と天上の世界を一つにまとめてしまったのです。ただ、ニュートンは、重力がなぜ生まれるのか、その正体にまでせまることはできませんでした。

さらなる重力の解明に取り組んだのは、天才物理学者のアルバート・アインシュ

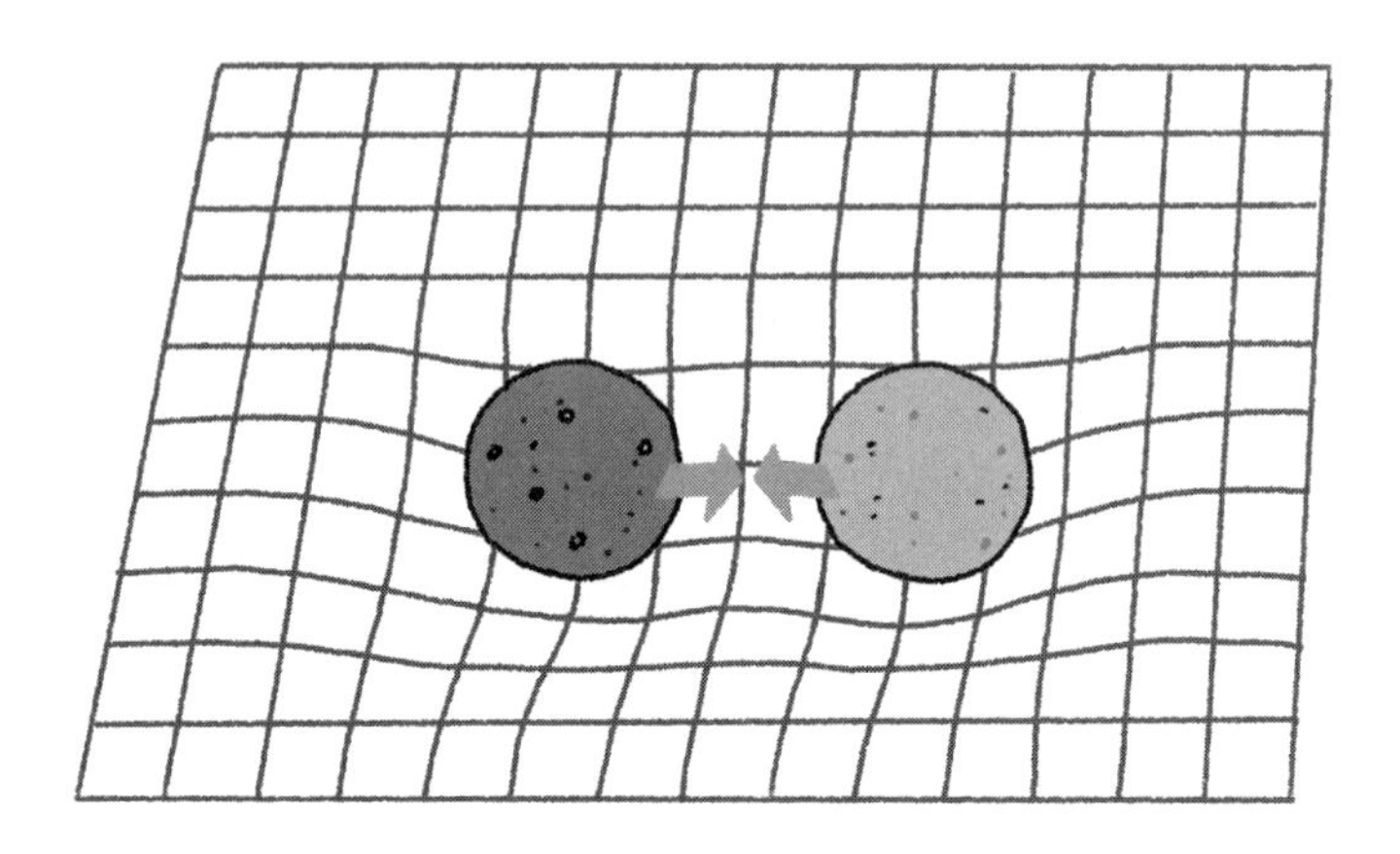

図3-15.　二つの天体が空間を曲げるイメージ

ゴムのシートの上に置いた二つの球が近づいていくように、二つの天体は空間を曲げて近づいていく。

タインです。アインシュタインは、1915〜1916年に発表した「一般相対性理論」の中で、質量をもつ物のまわりの時間と空間（時空）は曲がっており、その曲がった時空が、その中にある物に影響をおよぼし移動させる（落下させる）のだと主張しました。つまりアインシュタインは、重力の正体を「時空の曲がり」と考えたわけです。

時空の曲がりが、物体を移動させるとは、いったいどういうことなのでしょうか。図3−15は、空間をゴムのシートで表現し、二つの天体が空間を曲げているイメージをえがいたものです。本物のゴムのシートに二つの球を少しはなして置くと、シートがのびて曲がり、球は近づいていきます。同じように二つの天体も空間（ゴムのシート）を曲げて近づいていきます。これが重力の正体、ということです。

アインシュタインは、太陽のまわりを惑星たちが楕円運動するのも、太陽のまわりの時空が湾曲しているためだと考えました。地球も木星も、自分はまっすぐ進んでいるつもりなのに、空間が曲がっているので軌道が曲がってしまうのです。

重力の正体を、時空の曲がりで説明する一般相対性理論は、現代物理学の土台となっているとても重要な理論です。しかし、重力の正体が一般相対性理論ですべて解き明かされたかというと、そうではありません。アインシュタインの一般相対性理論が主張するように重力を時空の曲がりだと考えた場合、素粒子レベルのミクロな世界ではたらく重力についてうまく計算ができません。そのため、重力がほんとうはどういうものなのかについては、まだ謎につつまれているのです。

重力の正体もやっぱり素粒子？

電磁気力は光子という素粒子のやりとりで伝えられることは説明しました。強い力と弱い力も同じように素粒子のやりとりで伝えられます。

しかし四つの力のうち重力だけは現在、「時空の曲がり」という、まったく別の形で説明されています。物理学者たちはこの現状に満足しておらず、重力も素粒子の受け渡しで説明できるはずだと考えています。そこで、重力を伝える素粒子である「重力子」が存在するにちがいないと考えています（図3-16）。

しかし重力子は未発見で、理論的にも重力を重力子のやりとりで完全に説明できていないのが現状です。素粒子どうしにはたらく重力を重力子の受け渡しで計算しようとすると、処理できない「無限大」が計算に生じてしまい、意味のある答えが出せないのです。

実は、このような無限大の問題は、電磁気力などのほかの力でも生じます。しかし「くりこみ」という計算手法を使うと、無限大をうまく処理して実験結果と

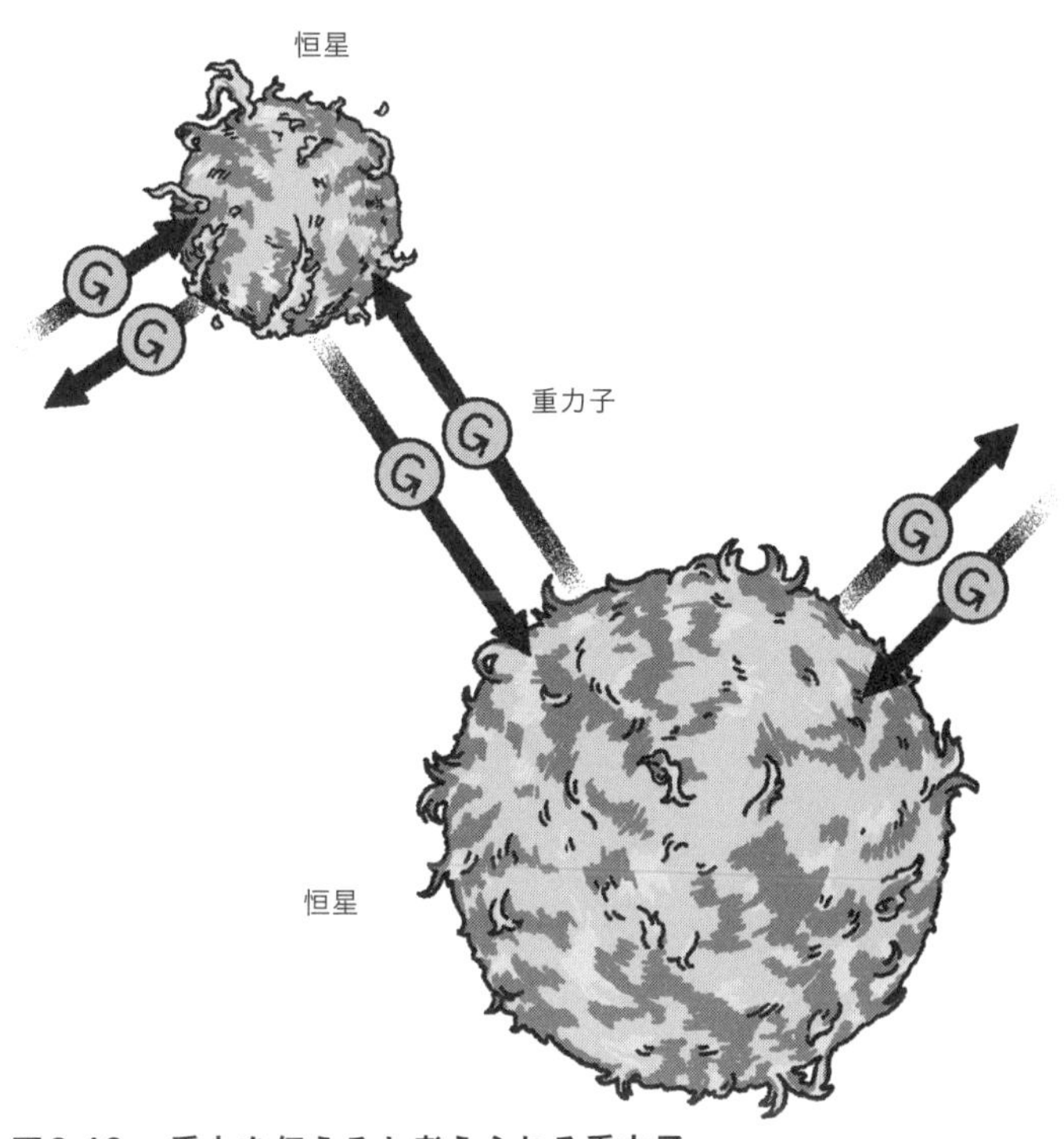

図3-16.　重力を伝えると考えられる重力子

重力は重力子という素粒子を受け渡すことで伝えられると考えられている。

合う答えを出せることがわかっています。ただ、重力では、くりこみの手法が使えないのです。素粒子レベルではたらく重力をどのようにあつかえばよいか、ということは、素粒子物理学における最も重要な課題になっています。

ミクロな世界で顔を出す強い力

ここからは四つの力のうち、あまりなじみのない強い力と弱い力について紹介しましょう。二つの力の名前について、ずいぶんざっくりとした名前だと思われるかもしれませんが、電磁気力よりも強い力を「強い力」、電磁気力よりも弱い力を「弱い力」とよんでいます。

まず、強い力は陽子や中性子をつくりあげている力です。第1章で説明したように、陽子と中性子は三つのクォークでできています。たとえば陽子はアップクォーク二つと、ダウンクォーク一つです。

このうちアップクォークはプラス3分の2の電気を帯びており、ダウンクォークはマイナス3分の1の電気を帯びています。ですから、これらの間には電磁気力がはたらきます。しかし実は、陽子の中に三つのクォークを結びつけておくには、電磁気力だけでは足りません。

ではどうやって三つのクォークは束ねられているのでしょうか。この三つのクォークを結びつけている力こそ、電磁気力の100倍も強い、強い力なのです。この強い力によって、三つのクォークが結びつき、陽子や中性子が存在できます。

この強い力も素粒子の受け渡しで伝えられます。強い力を伝える素粒子を「グルーオン」といいます。超ひも理論によると、もちろんこれもひもであると仮定されます。グルーオンはのりを意味する英語「glue」から名づけられました。陽子や中性子の中では、アップクォークやダウンクォークの間をグルーオンが行き来しています。これによって、クォークどうしを結びつける強い力がはたらくと考えられています(図3-17)。

グルーオンが伝える強い力は、クォークどうしが遠ざかると強くなり、近づくと弱くなるという、ゴムひもやバネのような性質をしています。陽子や中性子の中でクォークどうしが接近しているときは強い力が小さく、クォークは自由に動けます。しかしクォークを引きはなそうとすると、とたんに強い力が大きくなり、引きはなすことが困難になるのです。

また、陽子や中性子の中のクォークを結びつけるだけでなく、陽子と中性子を

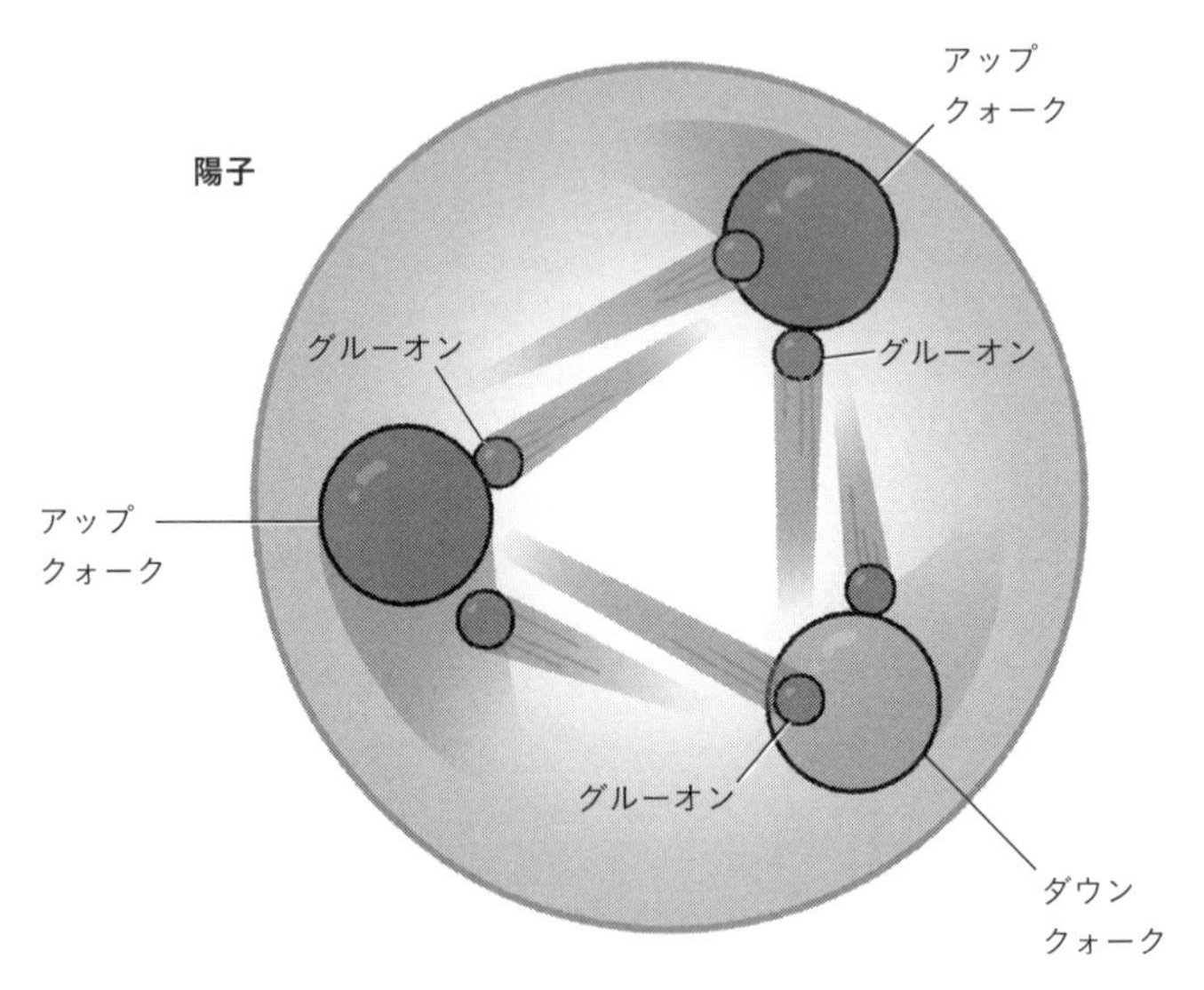

図3-17. 強い力を伝えるグルーオン

クォークの間でグルーオンをやりとりすることで強い力がはたらき、
陽子として結びついている。

結びつけて原子核をつくりあげるのも、つきつめると強い力です。原子核はプラスの電気をもつ陽子と、電気をもたない中性子が結びついてできています。普通に考えると、陽子と中性子を束ねようとすると、陽子どうしがプラスの電気で反発してばらばらになってしまいそうです。しかし実際には原子核として存在できます。これは強い力によって、陽子と中性子が引きつけ合っているからなのです。

ここで陽子や中性子の質量

と強い力についての興味深いお話をしましょう。ここまで説明してきたように、陽子や中性子は三つのクォークが強い力によって結びついたものです。ところが、実は三つのクォークの質量を足しても、陽子や中性子の質量にまったくおよびません。アップクォークやダウンクォーク１個の質量は、陽子や中性子１個の質量のおよそ１０００分の１〜数百分の１程度です。陽子や中性子１個に含まれるクォーク３個の質量を合計しても、陽子や中性子１個の質量のおよそ数百分の１〜１００分の１程度にしかならないのです。

では、陽子や中性子の残りの質量はどこからきているのでしょう。それは、「強い力からくるエネルギー」です。

第２章で「$E=mc^2$」という式を紹介しました。この式は、エネルギーと質量は本質的に同じものであることを示しています。そのため、クォークどうしを結びつけている強い力に由来するエネルギーが、陽子や中性子の質量として見えているのです。

陽子や中性子の中には、ビュンビュン飛んでいるクォークが閉じこめられています。ある意味で、クォークは檻の中に入っているといえるでしょう。そのクォークを閉じこめているエネルギーが、強い力のエネルギーです。

また、檻の中に閉じこめられたクォークは、せまい空間に押しこめられるため、はげしく運動します。このクォークの運動のエネルギーも強い力からくるエネルギーと見ることができます。これらのエネルギーが陽子や中性子の質量として見えているのです。

原子を構成する要素のうち、電子はとても軽いため、物質の質量のほとんどは陽子や中性子の質量になります。そのため、物質の質量の大部分が、強い力のエネルギーに由来することになります。たとえば、体重が50キログラムの人がいたとすると、この人の体重は、およそ0・5キログラムがクォーク自体の質量、残りのおよそ49・5キログラムが強い力のエネルギーに由来した質量になるのです。

原子核を崩壊させる弱い力

最後に紹介する力は「弱い力」です。弱い力は、強い力と同じように原子核よりも小さいミクロの世界ではたらく力で、「粒子の性質を変える力」のことです。

粒子の性質を変えるとは、どういうことでしょうか。原子核の中には、不安定で、時間がたつと自然にこわれてしまうものがあります。たとえば「炭素14」という原子の原子核は、時間がたつと放射線を出して「窒素14」の原子核に変わることがあります。この現象を「ベータ崩壊」といい、このベータ崩壊を引きおこすのが、弱い力です。

炭素14の原子核は、陽子6個と中性子8個でできています。そのうちの中性子の一つが陽子へと変化することで、陽子7個と中性子7個をもつ窒素14の原子核になります。この中性子から陽子への変化を引きおこすのが弱い力、ということです。先ほどものべたとおり、素粒子物理学の世界では、このような粒子の変化を引きおこすものも力とよぶのです。

弱い力もやはり、素粒子によって伝えられます。弱い力を伝える素粒子を「ウィークボソン」といいます。ウィークボソンには、プラスの電気を帯びた「W^+粒子」、マイナスの電気を帯びた「W^-粒子」、電気的に中性の「Z粒子」の3種類があります。

このうち炭素14のベータ崩壊には、W^-粒子がかかわっています。ベータ崩壊の

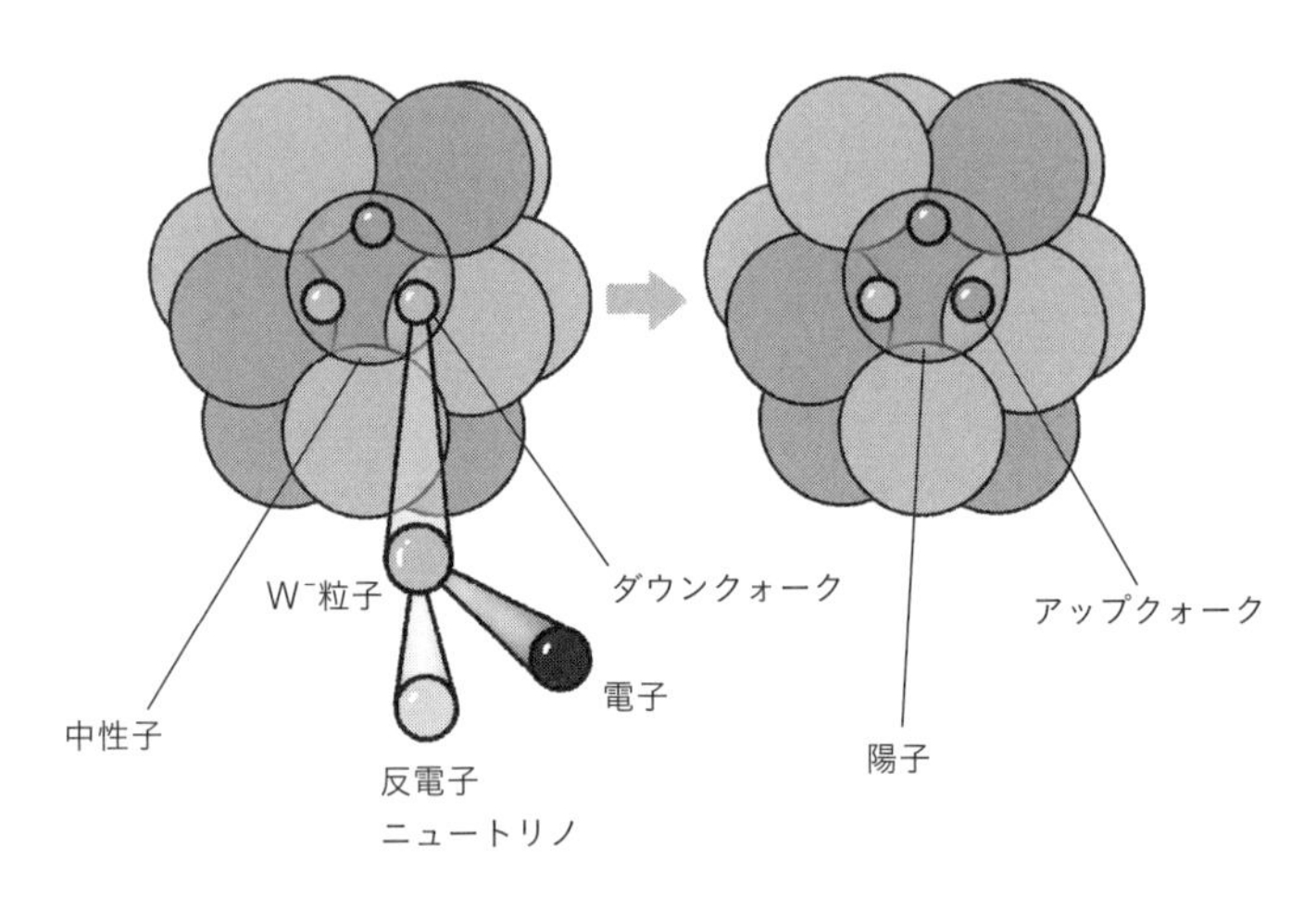

図3-18.　炭素14のベータ崩壊

炭素14の原子核の中性子が、弱い力によって陽子に変化することで、窒素14の原子核へと変化する。

際、炭素14の中性子の中のダウンクォークの一つが、アップクォークとW^-粒子になります。すると中性子はアップクォークを二つもつことになり、陽子に変化するのです(図3−18)。

　このときW^-粒子は、すぐさま電子と反電子ニュートリノに変わります。W^-粒子はごく一瞬しか存在しないので、電子から出ている光子と同じく、観測することはできません。

　ちなみに、弱い力が引き

おこす炭素14のベータ崩壊は、化石などの年代測定に使われます。生物が生きている間は、炭素14と窒素14の割合は一定に保たれていますが、生物が死ぬと、その体に含まれる炭素14が崩壊して、どんどん窒素14の割合が増えていきます。炭素14が、発掘された化石の中にどれだけの割合残っているかを調べることで、死んでからどれくらいの時間がたったのかをはかることができるのです。

弱い力に話をもどしましょう。身近なところでいくと、実は太陽が光るのも弱い力のおかげです。太陽は内部でおきる核融合反応によって輝いています。核融合反応とは、複数の原子核が融合して、新しい原子核と膨大なエネルギーを生む反応のことです。太陽の中心部では、4個の水素原子核（陽子）から1個のヘリウム原子核（陽子2個と中性子2個からなる）ができる核融合反応がおきており、この反応によって膨大なエネルギーがつくりだされています（図3－19）。

この反応は大きく三つの段階に分けられます。このうち弱い力がはたらくのは第1段階です。つまり、陽子1個からなる水素の原子核二つから、陽子1個と中性子1個からなる重水素の原子核が一つできる反応です。水素の原子核が2個近づくと、片方の水素原子核（陽子）の中のアップクォークが、弱い力によってダウ

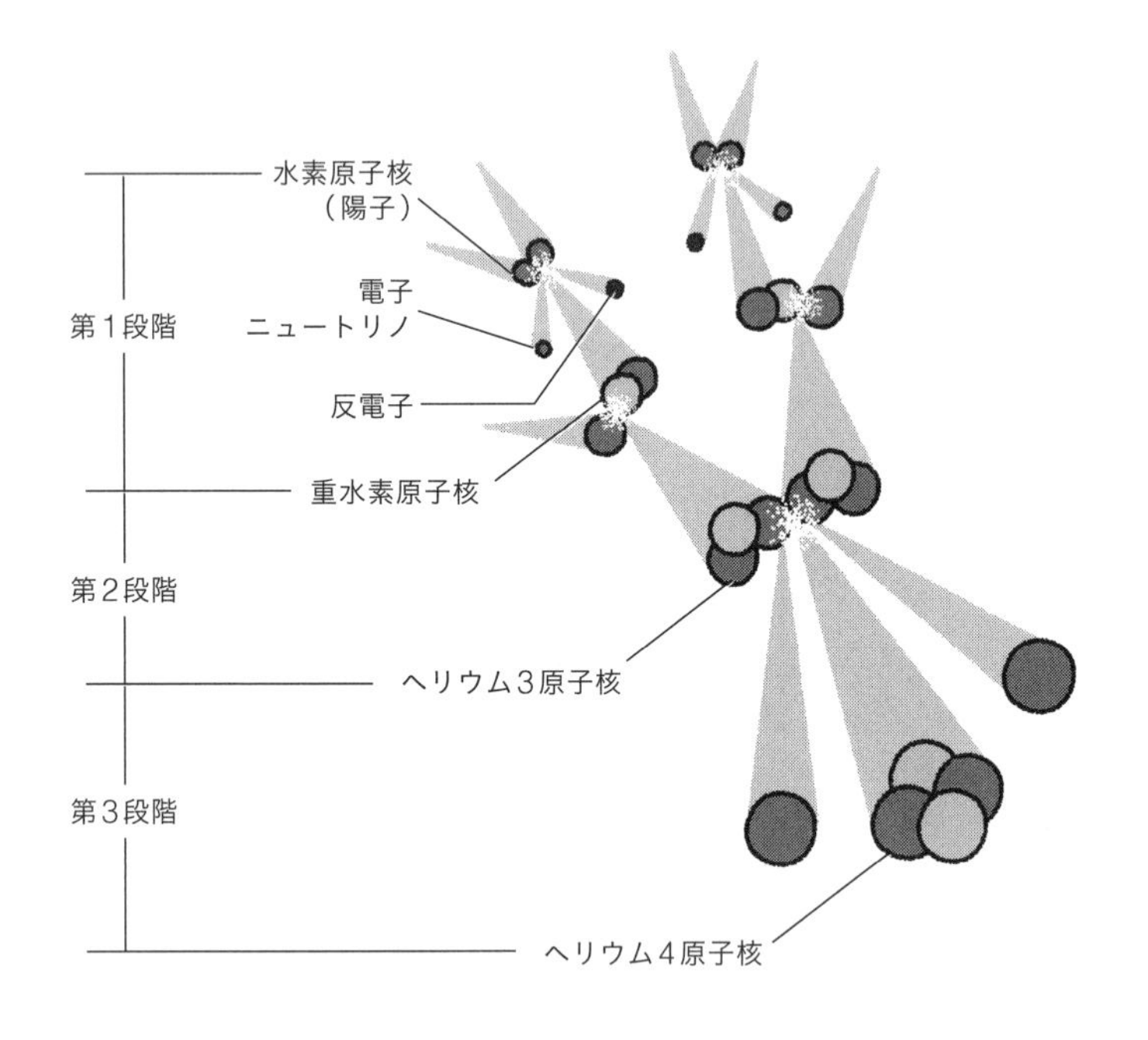

図3-19.　太陽の核融合反応

4個の水素原子核（陽子）から1個のヘリウム原子核ができる。
この反応は3段階に分けられる。

ンクォークとW^+粒子になり、陽子が中性子に変わります。そしてこの中性子がすぐに別の陽子と強い力で結合して、陽子1個と中性子1個の重水素の原子核ができるのです（図3－20）。W^+粒子はすぐにこわれて、電子ニュートリノと陽電子に変わります。

最終的に太陽の

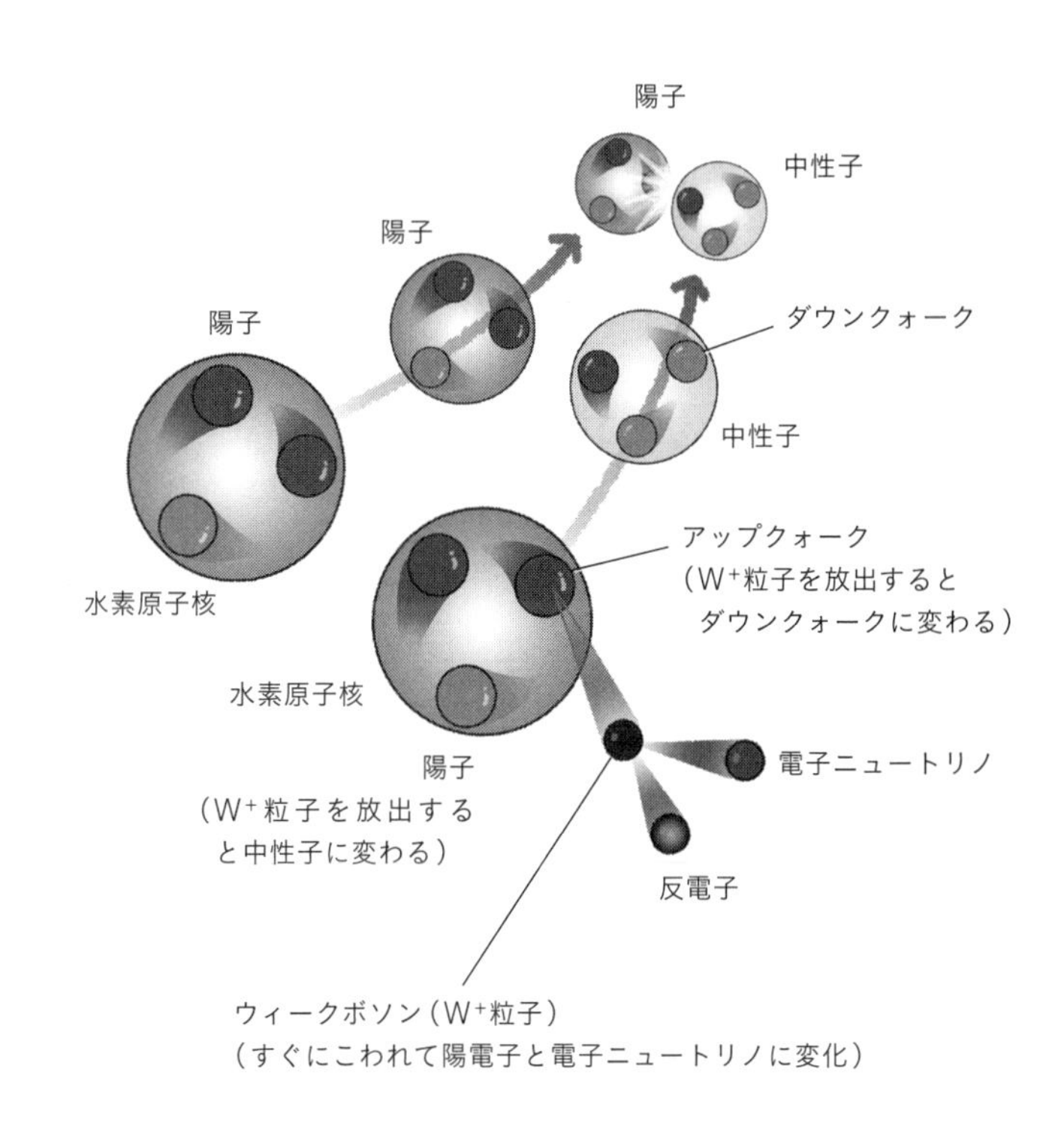

図3-20.　水素原子核二つから重水素原子核ができる

核融合反応でできるヘリウムの原子核の質量は、もともとの陽子4個の合計の質量よりも、およそ0・7％軽くなります。このなくなった0・7％の質量が「$E = mc^2$」によって、太陽の光輝くエネルギーとなります。

太陽は現在約46億歳だと推定されています。今から約60億年後、太陽は核融合反応の材料である水素を使い果たして寿命を迎えると考えられています。太陽の核融合反応がこれほど長い時間をかけて行われるのは、弱い力が弱く、核融合反応の第1段階で、水素の原子核の陽子がなかなか中性子に変わらないためです。弱い力は文字通り「弱い」ため、太陽は一気に燃え尽きずに、少しずつ燃えていられるのです。

第4章

万物の理論を求めて

物理学の歴史は、統一の歴史

自然界のさまざまな現象がたった四つの力で説明できるなんて、おどろきでしょう。てんでばらばらに見える現象を、できるだけ数少ない基本的な力だけで説明しようとしてたどりついたのが四つの力です。ところが、物理学者たちはここで満足しているわけではありません。四つの力をも統一し、最終的には「一つの力」だけで説明することが、究極の目標だといえます。

たとえばニュートンの万有引力の法則も、力の統一の例になります。昔の人は、地上でリンゴが木から落ちるということと、月が地球のまわりをまわっていることを、まったく別の現象だと思っていました。それをニュートンは同じ現象だと見抜き、万有引力の法則をつくりました。これにより、地上の世界と天上の世界が統一されたのです。

さらに惑星の公転軌道や大砲の弾道、人工衛星の軌道なども、すべて万有引力の法則で説明できるようになりました。このように、少ない決まりごとで自然現象を説明しようとすることで、物理学は進歩してきたのです。

ニュートンが地上の世界と天上の世界を統一したように、電気と磁気を統一した人物がジェームズ・クラーク・マクスウェルです。第3章で説明したように、マクスウェルは電気と磁気が本質的に同じものであることを見抜き、電磁気学をつくりました。彼が打ち立てた電磁気学の理論は、その後、ミクロな世界を解き明かす量子力学の理論などと結びつき、「量子電気力学」という理論が誕生します。これが四つの力のうち、「電磁気力」を説明する理論です。重力以外の身近な力は、すべて電磁気力の複雑なあらわれだといえるでしょう。バットでボールを打つことも、棚を手で押すことも、すべて原子どうしにはたらく電磁気力が大もとになっているのです。

電磁気力、重力、強い力、弱い力、この四つの力を統一した理論は、自然界のすべての現象を説明できる万物の理論となるはずです。さらに、四つの力の統一は、宇宙の成り立ちを考えるうえでも非常に重要になります。実は宇宙誕生時、四つの力は一つだったかもしれないと考えられているのです。それが時間がたつのにともない、枝分かれし、最終的に四つの力が生まれたというわけです。

宇宙は今から138億年前に誕生しました。誕生直後の宇宙は超高温・超高密度で、そのときは力はまだ四つに分かれていませんでした。宇宙誕生から10^{-43}秒後にまず重力が分岐しました。次に10^{-42}秒後に強い力が分岐します。そして最後に10^{-12}秒後に電磁気力と弱い力が分かれました（図4－1）。四つの力を統一した理論は、四つの力が分かれる前の誕生直後の宇宙のようすを知るうえでも欠かせないのです。現在の実験観測では、最後の電磁気力と弱い力の枝分かれの部分が確かめられています。

四つの力を統一した万物の理論の完成に向け、その前に立ちはだかっている大きな課題、それが重力です。第3章でも簡単にふれましたが、重力だけは、現在の素粒子物理学の理論では、うまくとりあつかうことができません。さらに重力を伝えると考えられている重力子も未発見です。

重力を含めた四つの力を統一する理論、その最有力候補こそ超ひも理論です。超ひも理論は未完成ではあるものの、力の統一の旅の最終地点かもしれないのです。この第4章では、なぜ素粒子を点ではなく、ひもだと考えるのか。超ひも理論の生い立ちにせまっていきましょう。

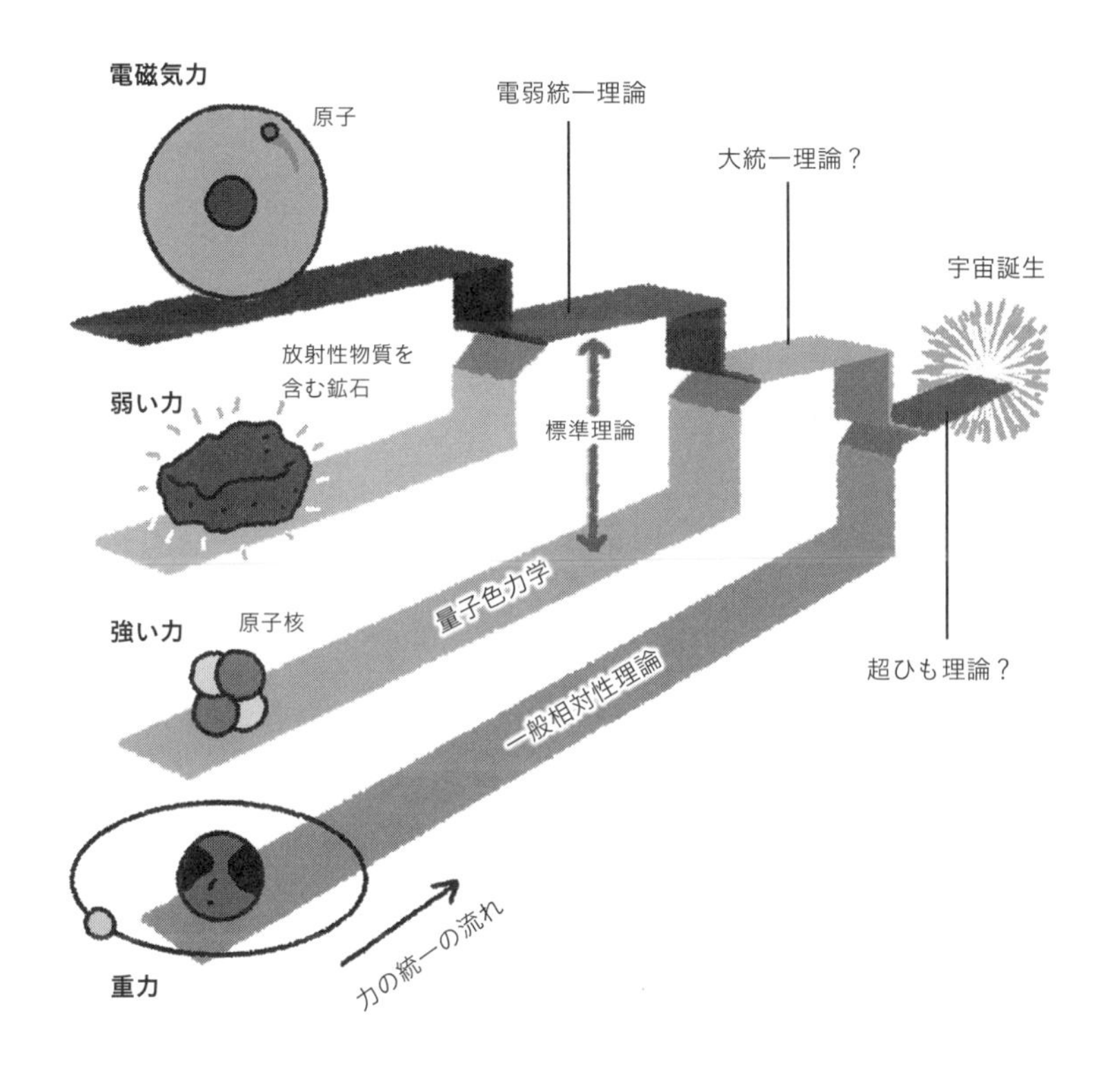

図4-1.　力の分岐

誕生直後の宇宙では、四つの力は一つだったかもしれないと考えられている。

素粒子は点だと考えられていた

第1章でも説明しましたが、物理学では従来、素粒子を大きさをもたない「点」とみなしてきました。ところが19世紀後半ごろから、素粒子が大きさをもたない点だとすると、計算をするうえで「ある問題」が生じることが指摘されていました。問題が発生するのは、素粒子間にはたらく力について考えるときです。

電磁気力を例にあげてみましょう。素粒子の一つである電子はマイナスの電気をおびているので、周囲にプラスの電気をおびたものがあれば引き合い、逆にマイナスの電気をおびたものがあれば反発し合います(図4－2)。この電磁気力は、二つの物体の間の距離が近いほど強くなります。たとえば距離が半分になると、力の大きさは4倍になります。

そして、この電磁気力は周囲にある物質だけでなく、なんと電磁気力の発信源である自分自身にもはたらくと考えられます。これが問題なのです。電子が大きさをもたない点だとすると、電磁気力の発信源である自分自身との距離はゼロに

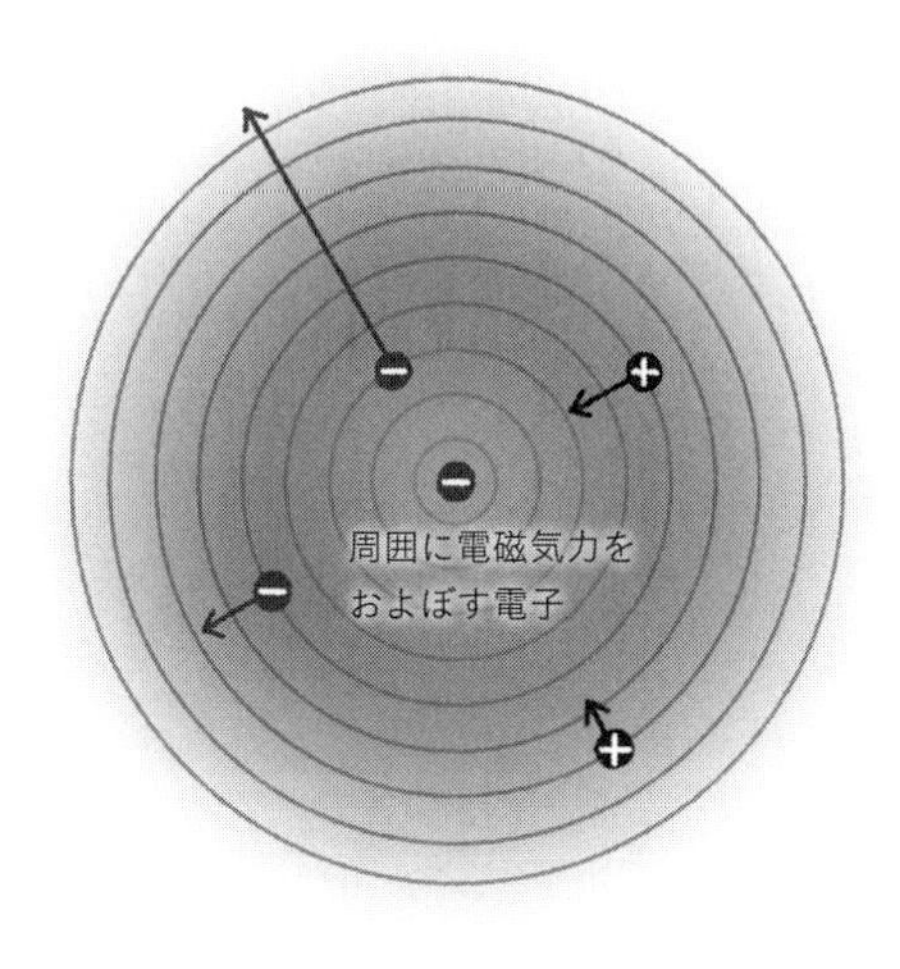

図4-2.　電磁気力

電磁気力は距離が近いほど強くはたらく。

なります。距離ゼロとは、すなわち力の発生源までの距離が極限まで近づくことです。

電磁気力は、二つの物体の間の距離が近いほど強くなります。つまり計算上、距離ゼロの電子自身には無限大の強さの電磁気力が生じることになってしまうのです。そして無限大の電磁気力が加わるとすると、結果的にその電子は、無限大のエネルギーをもつことになります。第2章で紹介した「$E=mc^2$」によると、エネルギーと質量は本質的に同じものですから、電子が無限大のエネルギーをもつということはすなわち、電子の質量が無限大ということとです。

電子の質量が無限大だと、重すぎてその場から動けません。私たちの生活に欠かせない電気は、電子が動くことで流れますから、電子が動かなければ、電気はいっさい流れません。しかし現実には、そのようなことはおきていません。つまり、電子の質量は無限大ではなく、実際には「ある値」をとっているわけです。では、素粒子の大きさがゼロと考えると、理論に矛盾がおきてしまうのです。

では、素粒子の大きさはゼロではない、ということになるのでしょうか。たしかに電子を、大きさをもつ「球」だと考えると、このような矛盾は生じません。しかしそう考えると、また別の矛盾が生じてしまいます。この無限大の問題は多くの物理学者を悩ませました。

この問題を解決したのは、日本の物理学者、朝永振一郎(ともながしんいちろう)(1906～1979、図4－3)です。朝永は1940年代に、素粒子を大きさのない点だと考えても矛盾が生じないようにする「くりこみ理論」という計算方法を提案しました。

くりこみ理論はむずかしいので、エッセンスだけ紹介しましょう。先ほどの電子の話では、電子全体の質量は、電磁気力のエネルギーに由来する質量と、電子固有の質量を足し合わせたものと考えることができます。そこで、電磁気力のエネルギーが無限大に近づいたときに「電子固有の質量を負の無限大にすることで質量を相殺する」というのが、くりこみ理論の考え方です。無限大の問題を解決するために、電子固有の質量に負の値を用いたというわけです。

このくりこみ理論は大きな成功をおさめます。この理論を使うことで、素粒子を大きさのない点だと考えても計算に矛盾が生じなくなり、素粒子の性質を現実と合うように、うまく説明することができるようになったのです。

同様の理論を、リチャード・ファインマン（1918〜1988）、ジュリアン・シュウィンガー（1918〜1994）も独立して考えており、3人はこの理論によってノーベル物理学賞を受賞しました。

図4-3.　朝永振一郎

超ひも理論の原型を考案した南部博士

くりこみ理論の登場により、素粒子物理学の世界は素粒子を「点」と考え発展していきます。一方、1960年代後半には現在の超ひも理論の原型となるアイデアも生まれました。それが南部陽一郎（なんぶよういちろう）（1921〜2015、図4−4）らによる「ハドロンのひもモデル」です。

ハドロンとは、1960年代にたくさん見つかった粒子です。現在では、ハドロンの正体は複数の素粒子（クォーク）が結合してできた粒子であることがわかっています。たとえば陽子は3個のクォークが結合してできていますから、ハドロンの1種です。ほかにも「中間子」という粒子をはじめ、たくさんのハドロンが見つかりました。

しかしこれらは当時、それ以上分割できない粒子、すなわち素粒子だと考えられていたのです。当時はまだ、素粒子は「点」であるという考え方が主流でしたが、南部はこれらのさまざまなハドロンの正体は1種類の「ひも」であるという理論を提唱しました。これを「ハドロンのひもモデル」といいます（図4－5）。

南部はハドロンを「点」ではなく、長さをもつ「ひも」だと考え、ひもの振動や回転のちがいによって、ことなる種類のハドロンに見える、というアイデアを提案したのです。この理論は、ハドロンの性質をある程度説明できたため、注目を集めることになります。

しかしその後に、ハドロンが複数の素粒子からできているとする理論「量子色力学」が登場し、成功をおさめます。それにより粒子をひもだと考えるアイデアを取り入れる研究者は減少し、ひもの研究は衰退していくことになります。

このように素粒子物理学は、素粒子＝点という前提のもとでどんどん発展していき、1970年代には現在の素粒子物理学の基本的な枠組みである「標準理論」が完成します。

図4-4.　南部陽一郎

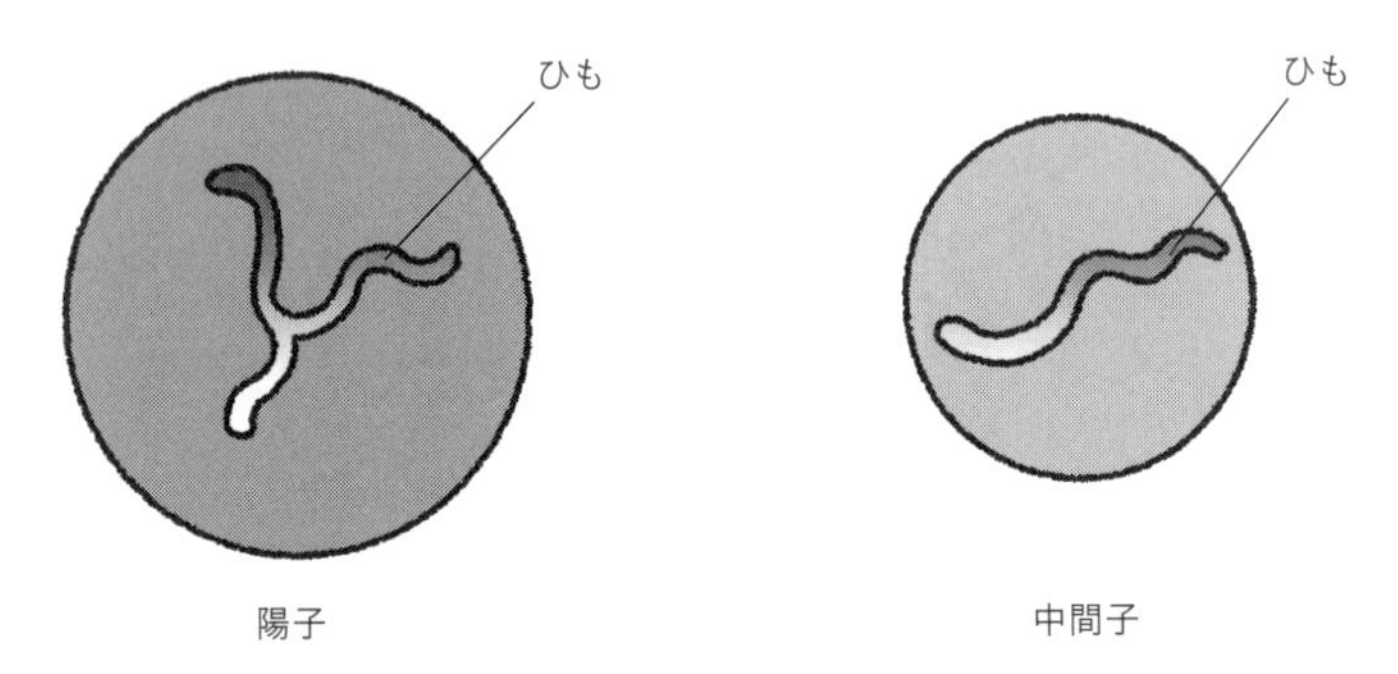

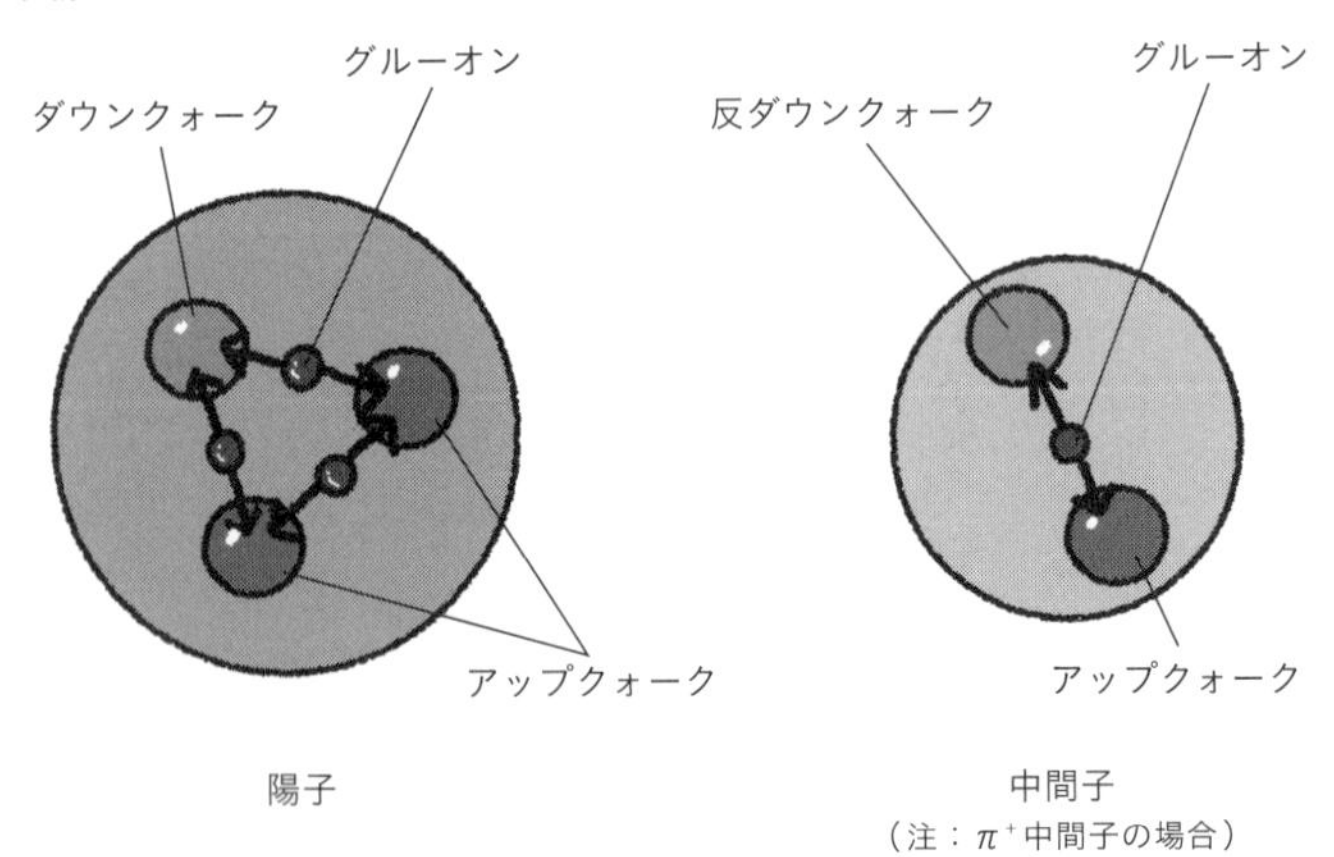

図4-5.　ハドロンのひもモデル

南部陽一郎らが、ハドロンの正体は1種類の「ひも」であるという理論を提唱した。

宇宙のほとんどをあらわす理論ができた

標準理論とは、素粒子のふるまいをとても高い精度で記述することに成功した、20世紀の物理学の金字塔ともいえる理論です。「標準模型」や「標準モデル」とよばれることもあります。素粒子はこの自然界の根源ですので、自然界の根源的なルールを記述した標準理論は、原理的にはこの宇宙のさまざまな現象を説明できる理論といえるでしょう。超ひも理論からは少し脱線しますが、この標準理論についても簡単に説明しておきましょう。

標準理論には、現在発見されている17種類の素粒子と、素粒子の間にはたらく電磁気力、強い力、弱い力の三つの力の作用が取りこまれています。

図4－6に示したのが標準理論の数式（ラグランジアン）です。この数式の1行目は、電磁気力、強い力、弱い力の三つの力をあらわしています。2行目で、これらの力がどのように物質を構成する素粒子と相互作用するのかを示しています。そして、最後の2行は、ヒッグス粒子によって、素粒子が質量を獲得するしくみ

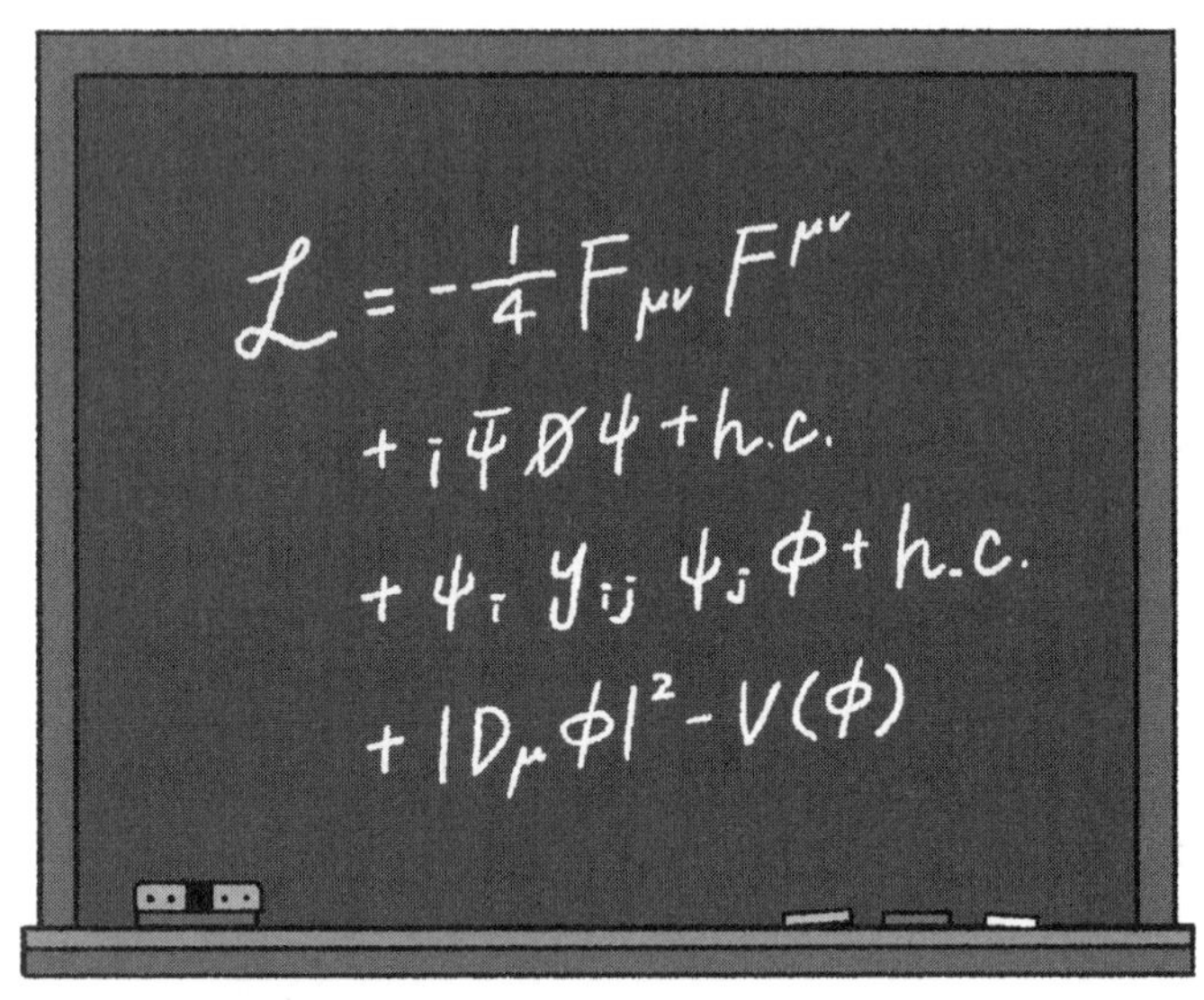

図4-6.　標準理論の数式（略記したもの）

を記述しています。

　標準理論の計算結果は、実験結果ときわめて高い精度で一致しており、宇宙誕生から10^{-12}秒以降の世界のことはたいてい、この標準理論でうまく説明することができます。

　しかし、標準理論には限界もあります。自然界には電磁気力、重力、強い力、弱い力の四つの力があると説明しましたが、標準理論には、重力の作用が含まれていないのです。これは、ほかの三つの力とはことなり、重力にはくりこみ理論がうまく使えず、「無限大の問題」を回避できないためです。

小さな素粒子にはたらく重力は微小なため、素粒子のふるまいを計算するうえでは大きな誤差は生じません。しかし重力を取り入れられていないことは、乗り越えなければならない課題です。宇宙のはじまりやブラックホールなど、現代物理学の謎に答えるには、標準理論を超える、重力を取り入れた理論が必要なのです。

超ひも理論におきた革命

さて、超ひも理論の歴史にもどりましょう。

ひもの研究がすたれてからも、細々とひもの研究は続いていました。そして１９７４年、素粒子を点ではなく、１次元の長さをもつひもだと考えると、くりこみ理論を使わずとも重力の無限大の問題を回避できることが明らかになりました。つまり重力を含む四つの力を同時に取りあつかえる可能性が示されたのです。このことを発見したのはジョン・ヘンリー・シュワルツ（１９４１〜）、ジョエル・シャーク（１９４６〜１９８０）、そして米谷民明（よねやたみあき）（１９４７〜）です。

しかしこのときの理論には、どうしても理論的に整合性がとれない部分が残っていました。さらに当時は、標準理論の研究の全盛期だったため、ひもの理論はさほど注目を集めることはありませんでした。

しかし1984年に転機がおとずれます。シュワルツとマイケル・グリーン（1961〜）によって、それまでのひも理論が抱えていた、理論的な欠陥を解消する方法が発見されたのです。この発見により、ひもの理論が「重力を取りあつかうことができる素粒子の理論」として注目をあびることになりました。このことがきっかけで研究が一気にさかんになったため、「第1次超ひも理論革命」とよばれています。

さらに第1次超ひも理論からおよそ10年後、次の転機がおとずれます。1995年に訪れた「第2次超ひも理論革命」です。超ひも理論には、五つの種類があると考えられていました。「タイプI」、「タイプIIA」、「タイプIIB」、「ヘテロティックSO(32)」、「ヘテロティックE8×E8」の五つです。

ところが、シュワルツとエドワード・ウィッテン（1951〜）が、これら五つの理論が別々のものではなく、同じ理論をそれぞれ別の側面から見ているだけだと主張したのです。この主張によって、超ひも理論の全体像がおぼろげながらわかってきたため、一気に研究が進みました。これが第2次超ひも理論革命です。

さらにウィッテンは、これら五つの理論の上に立つ「真の究極理論」があるはずだと考え、その理論を「M理論」とよびました。ただしM理論は、いまだその実体さえはっきりしておらず、真の究極理論になりうるのかどうか、よくわかっていません。現在では「超ひも理論」という言葉は、5種類の超ひも理論にM理論も加えた、より広い意味で使われています。

超ひも理論に必要な新たな対称性

素粒子をひもだと考える「ひも理論」は、1970年代後半に「超・ひも理論」へと進化しました。超ひも理論の超は、単に「すごい」という意味ではありません。「超対称性」の超に由来しています。

超対称性とは何でしょうか。まずは対称性について説明しましょう。対称性とは、簡単にいうと「立場がちがっても同じ物理法則が成り立つ」という考え方です。たとえば東京でボールを投げても、大阪でボールを投げても、どちらのボールもまったく同じ運動をするでしょう。つまり並行移動させても、ボールにはまったく同じ物理法則が成り立つわけです。これを「並進対称性」といいます。またボールを北向きに投げても、東向きに投げても、どの向きに投げてもボールの運動は変わりません。これを「回転対称性」といいます。対称性とは、立場を変えても、同じ現象が同じようにおきるということです。対称性は物理学において、非常に重要な考え方で、対称性をそなえた物理法則を物理学者たちは美しいと考えます。

現在の素粒子の基本的な理論である標準理論を構築する際にも、対称性は非常に重要な役割を果たしました。くわしい話は省略しますが、たとえば時間と空間の対称性である「ローレンツ対称性」という考え方を取り入れることで、「物質を形づくる素粒子」の性質をきれいに説明することに成功しました。さらに、三つの力の作用を取りこむ際には「ゲージ対称性」という対称性を取り入れました。なんとゲージ対称性を取り入れると、素粒子にはたらく力がどういうものになるべきかが大きく決まってしまうのです。このように、標準理論は対称性という武器を用いて構築されました。

そして超ひも理論では、新たな対称性である「超対称性」という考え方を取り入れました。そもそも素粒子は「物質を形づくる素粒子」のグループと、「力を伝える素粒子・ヒッグス粒子」のグループに大きく分けることができます。前者のグループを「フェルミオン」、後者のグループを「ボソン」といい、両者には素粒子の性質をあらわす「スピン」という量に差があります。超対称性とはざっくりというと、この二つのグループのスピンの特徴を入れ替えても同じ法則が成り立つ、という考え方のことです。

従来のひも理論は、ボソンしかあつかえない理論でした。しかし、そこに超対称性という考え方を導入したことで、フェルミオンを含むあらゆる素粒子をあつかえるように進化したのです。

さらに、超対称性の考え方によると、既知の素粒子それぞれにボソンとフェルミオンの特徴を入れ替えたパートナーとなる素粒子が存在することになります。このような素粒子を「超対称性粒子」といいます（図4－7）。

たとえばボソンである光子（フォトン）には、そのパートナーとして、光子に似ていますが、フェルミオンの特徴をもつ粒子「フォティーノ」が存在します。このようなパートナーがすべての素粒子に対して存在すると考えられるのです。

超ひも理論で四つの力を統一するためには、超対称性粒子はなくてはならないものです。また、電磁気力、強い力、弱い力の三つの力を統一するうえでも、超対称性粒子が存在した方が都合がよいと考えられています。

実は、強い力は標準理論に含まれてはいますが、電磁気力、弱い力の二つの力と統一されているわけではありません。標準理論で力の統一が実現できているのは電磁気力と弱い力までです。これら三つの力を統一しようとする「大統一理論」が1974年に提唱されているものの、まだその正しさは実証できていません。大統一理論は、超対称性粒子がなければだめ、というわけではありませんが、超対称性粒子があると理論がより自然に見えるといいます。

図4－8は、電磁気力、強い力、弱い力の三つの力の大きさをさまざまなエネルギーのもとで計算したものです。グラフの左端が実際の観測値で、右に行くほど高エネルギー状態になります。また、グラフは下にいくほど力が大きいことを示します。

既知の素粒子

超対称性粒子
（全て未発見）

ボソン

光子
（フォトン）　W粒子　Z粒子

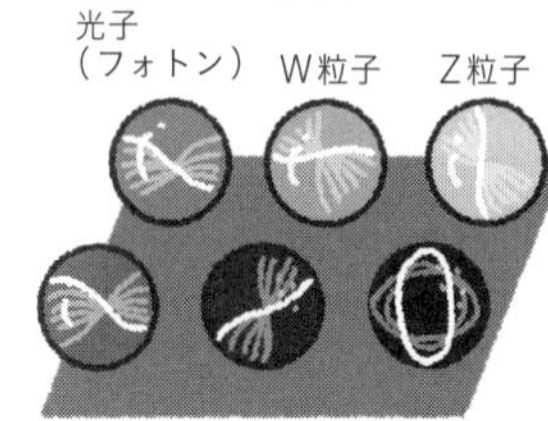

グルーオン　ヒッグス粒子　重力子

フェルミオン

フォティーノ　ウィーノ　ジーノ

グルイーノ　ヒグシーノ　グラビティーノ

フェルミオン

アップクォーク　チャームクォーク　トップクォーク

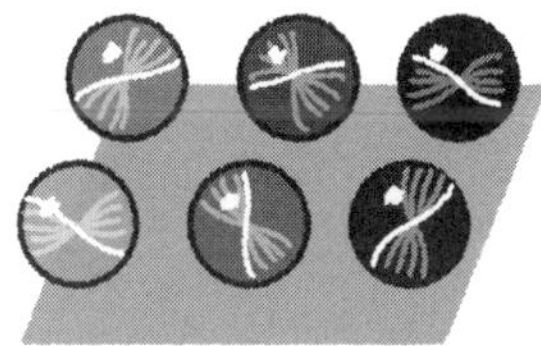

ダウンクォーク　ストレンジクォーク　ボトムクォーク

ボソン

スカラーアップクォーク　スカラーチャームクォーク　スカラートップクォーク

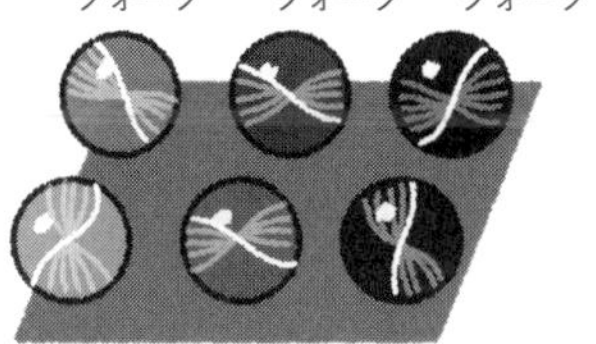

スカラーダウンクォーク　スカラーストレンジクォーク　スカラーボトムクォーク

電子ニュートリノ　ミューニュートリノ　タウニュートリノ

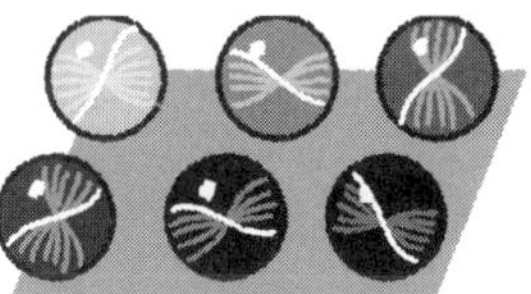

電子　ミュー粒子　タウ粒子

スカラー電子ニュートリノ　スカラーミューニュートリノ　スカラータウニュートリノ

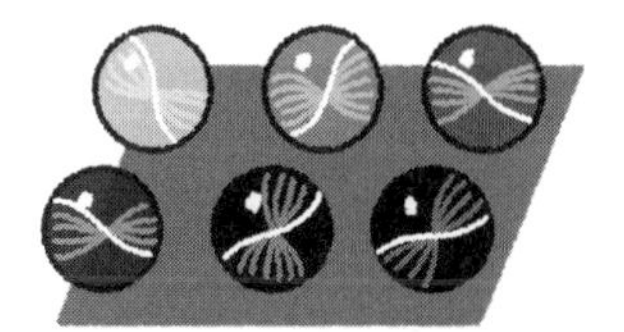

スカラー電子　スカラーミュー粒子　スカラータウ粒子

図4-7.　既知の素粒子と超対称性粒子

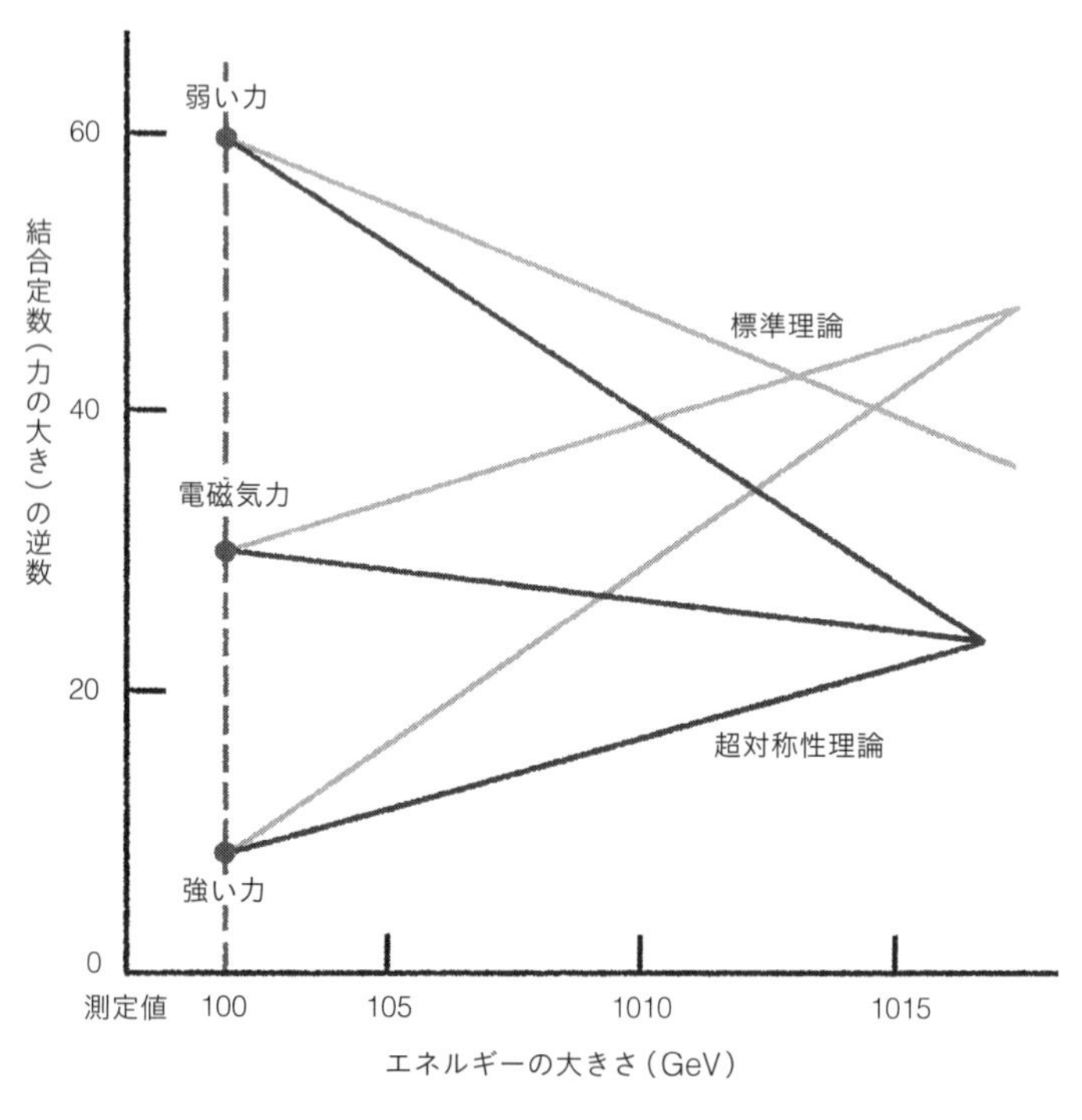

図4-8.　三つの力の大きさ

まず標準理論にもとづいて計算したのが、うすいグラフです。エネルギーが大きくなっても、三つの力の大きさが一致することはありません。一方、超対称性を仮定した場合が濃いグラフです。こちらは、高エネルギー下で三つの力の大きさがぴたりと一致し、力が統一されることになります。

超対称性粒子は、

ヨーロッパ原子核研究機構の大型加速器ＬＨＣなどを使って探索されているものの、今のところ一つも見つかっていません。今後、超対称性粒子の存在が実験で確認されれば、超ひも理論の研究は俄然いきおいづくことになるでしょう。

第5章

超ひも理論が予言する「9次元空間」

次元とは何か

超ひも理論は、この世界について、おどろくべき予言をします。なんと私たちの住む世界は、縦・横・高さからなる3次元空間ではなく、9次元空間だというのです。

9次元空間とはいったいどういうことなのでしょうか。3次元を超える空間次元は、どこにあるのでしょうか。第5章では、超ひも理論が予言する9次元空間について考えていきます。

そもそも次元とは何なのでしょうか。「ヤツは次元がちがう」「彼は異次元に行ってしまった」など、次元という言葉をこのように使う人もいるかもしれません。ドラえもんのポケットの中は四次元空間、などともいわれますね。

もともと次元は、数学の一分野である幾何学で使われていた考え方です。次元とは「空間などの広がり具合」を示す概念で、「動ける方向」の数(直交する方向の数)と考えるのがわかりやすいでしょう。

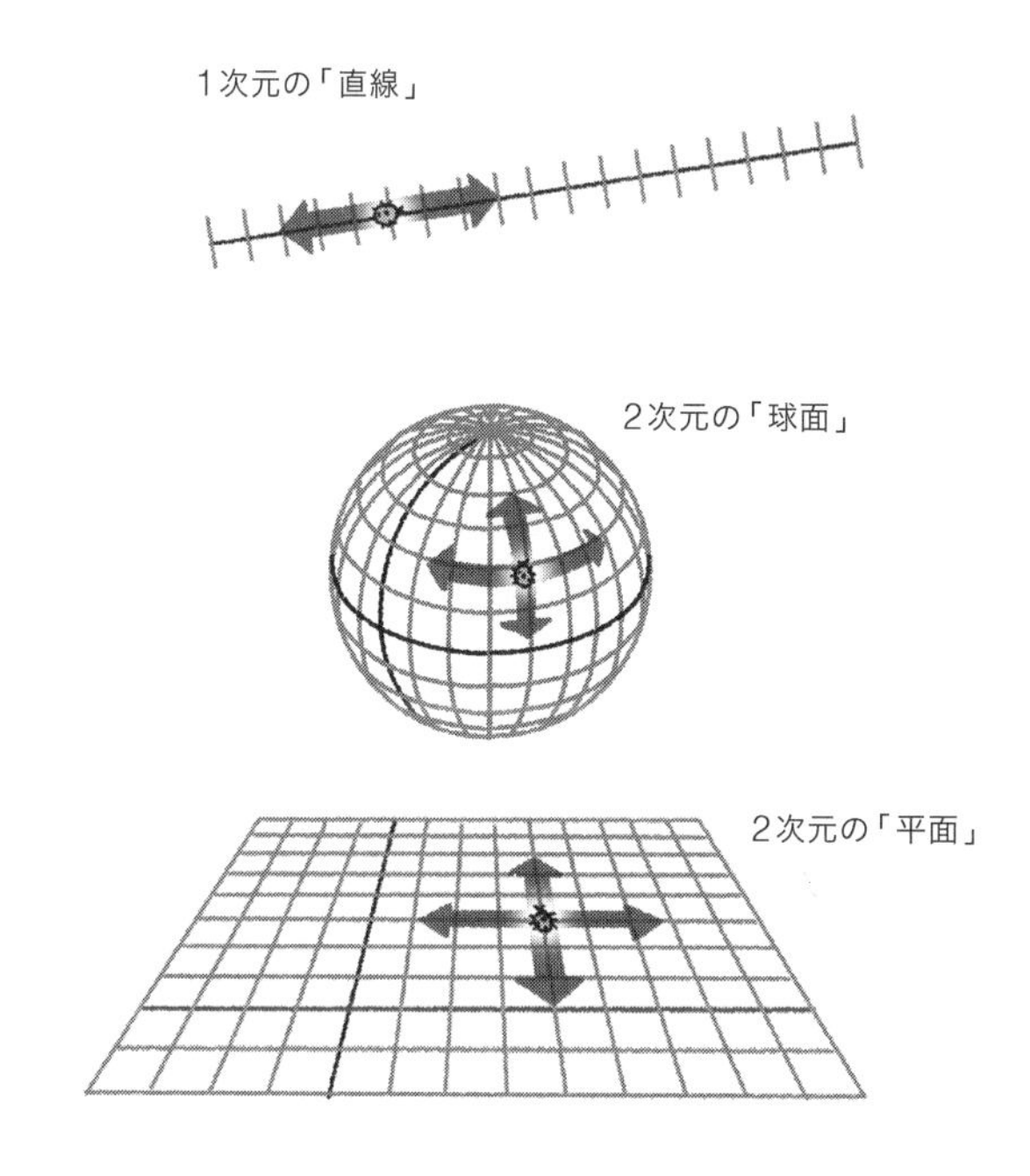

図5-1.　1次元の「直線」と2次元の「球面」「平面」

たとえば「直線」を考えてみます。直線上では、前後の1方向にだけ動けるので、直線は1次元です（図5－1）。

次は「面」です。面の上では前後だけでなく、左右にも動けます。上下方向、左右方向の直交する2方向に動けるので、面は2次元です。平面だけでなく、球面でも同じです。地球のような球面を考えると、緯度方向と経度方向の2方向に動くこ

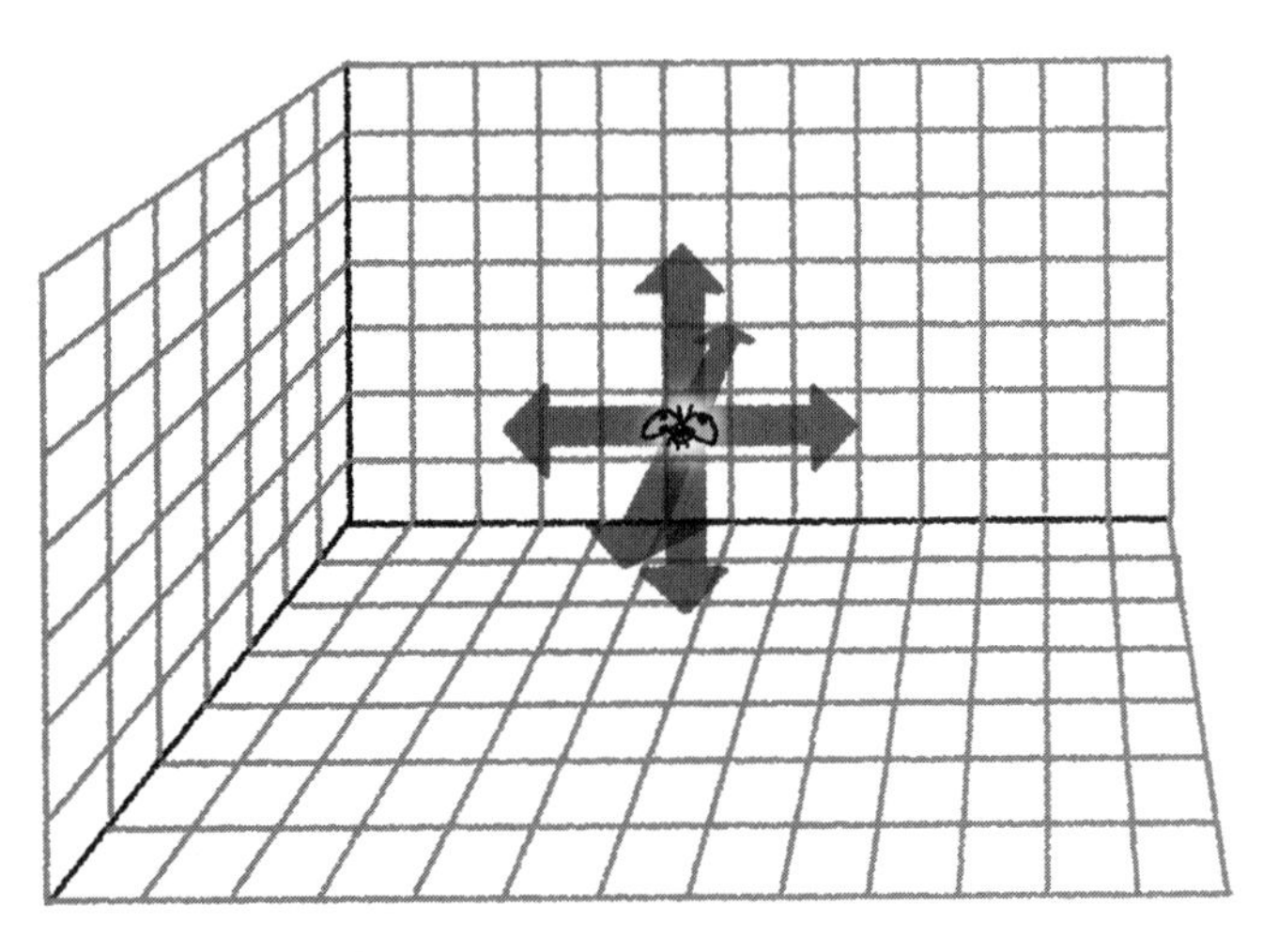

図5-2. 3次元の「空間」

とができますね。ですから、球面も2次元です。

次に私たちのいる「空間」はどうでしょう。空間の中では縦・横・高さという、直交する3方向に動くことができます。2次元の地球の表面だけで考えると、緯度方向、経度方向にしか動くことはできませんでしたが、実際の空間上では、この2方向に加えて、高さ方向にも動くことができます。ですから、私たちの暮らすこの世界は3次元空間だといえます（図5－2）。また、この3次元空間に時間の1次元を足して、私たちは「4次元時空」に住んでいる、ともいいます。

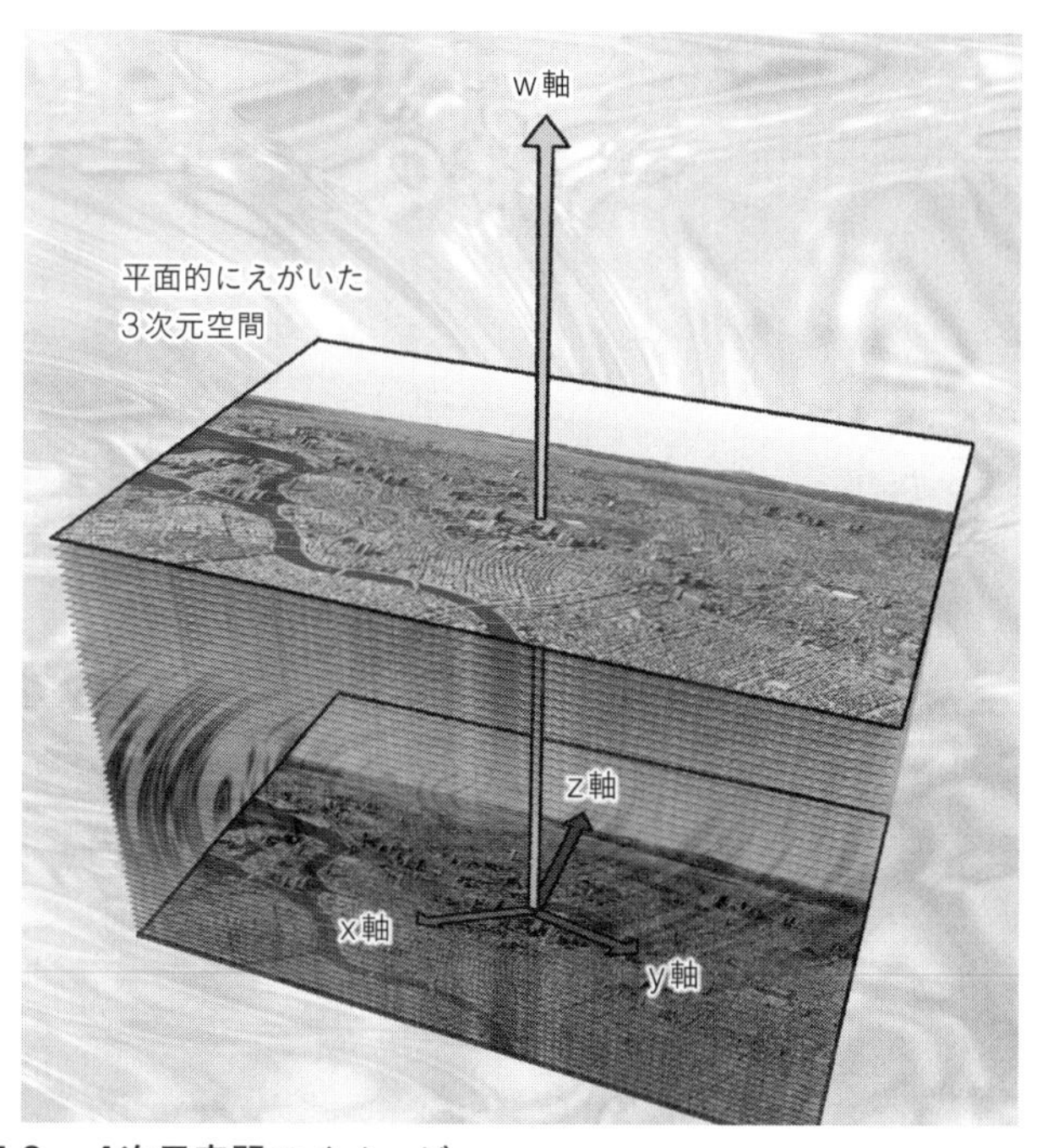

図5-3.　4次元空間のイメージ

　では、3次元を超えた空間次元を考えることはできるのでしょうか。理論的には、4次元でも5次元でも好きなだけ次元を増やすことはできます。ここでは少しだけ、3次元を超えた4次元空間について考えてみましょう。図5−3は、4次元空間のイメージをあらわしたものです。

　私たちのいる3次元空間の中では、紙のような2次元の平面をいくらでも積み重ねることができます。同じように4次元空間の中では、私たちの3次元空間を、まるで平面のようにいくらでも重ねることができます。縦・横・高さをもつ3次元空間は、4次元空間の中では、4次元方向の厚さがゼロの板のようなものだと考えることができるのです。イメージがむずかしいかもしれませんが、3次元空間が4次元方向に無数に積み重なっている世界、それが4次元空間なのです。

ひもは9次元空間で振動する

この世界が3次元空間であることを、うたがう人は少ないでしょう。しかし超ひも理論では、この世界は9次元空間である、という奇想天外な予言をします。なぜ超ひも理論はこの世界が3次元空間ではなく、9次元空間だというのでしょうか。

実は、超ひも理論を研究していくと、3次元空間では理論が破綻してしまうことがわかったのです。この世界が本当に3次元空間だとすると、明らかにおかしな計算結果が出てきてしまいます。つまり、超ひも理論が正しいとすると、この

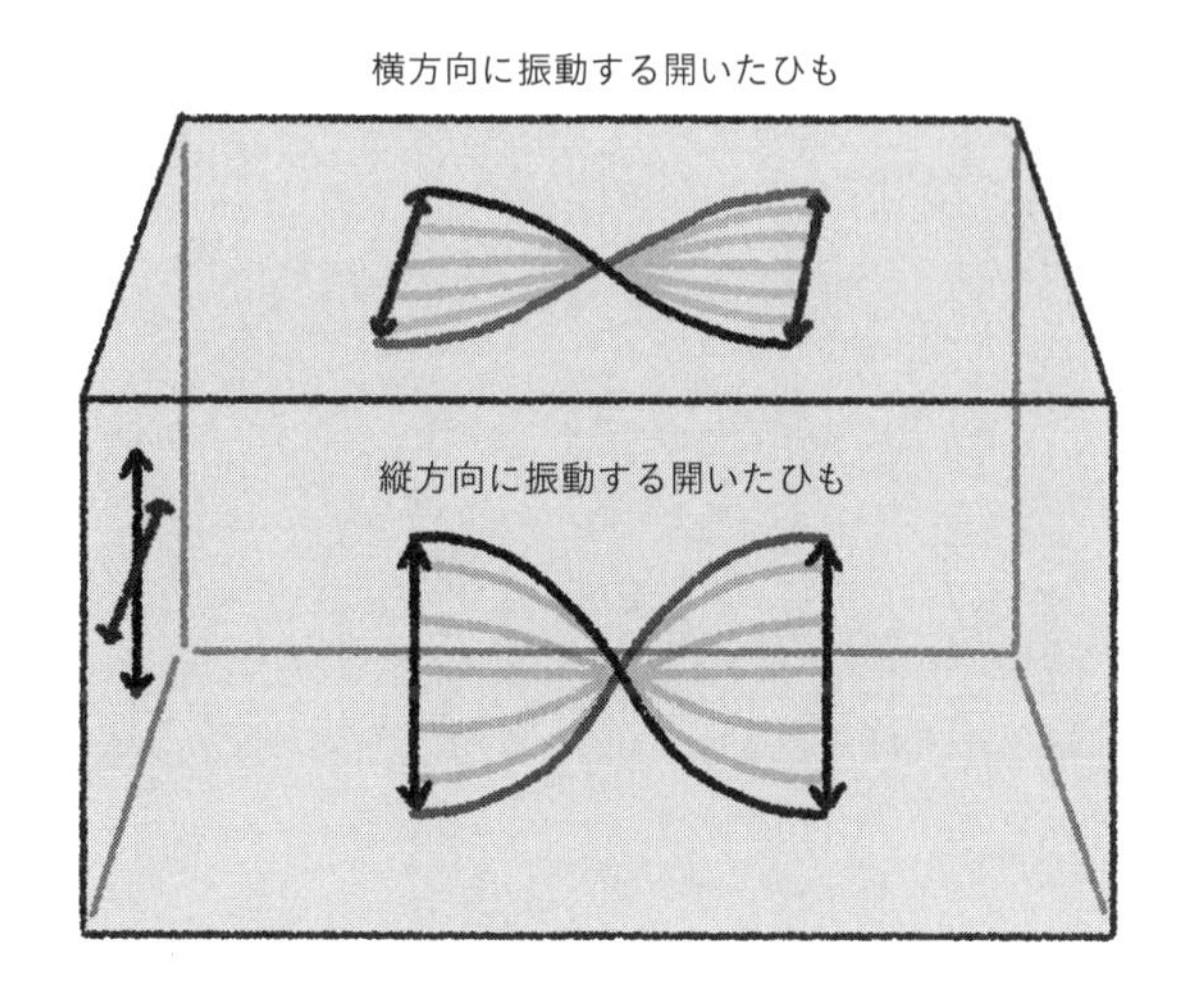

図5-4.　3次元の世界で振動するひも

世界は3次元空間ではなく、9次元の空間でなくてはいけないのです。

これは、空間の次元が増えるほど、ひもの振動のバリエーションを増やすことができるためです。たとえば、2次元の世界でひもの振動を考えてみると、ひもはある面内でしか振動できません。しかし3次元の世界なら、ひもは縦横にも斜めにも振動でき、2次元世界のひもより振動のバリエーションが増します（図5－4）。

このように空間の次元の数が多いほど、ひもはいろんな方向に振動できるようになります。ひもの振動状態で現実の素粒子をきちんと表現するには、3次元では足りず、さらに高次元の空間が必要だったのです。

3次元空間で成り立たない超ひも理論など、普通であれば、この現実世界を説明する理論ではない、誤った理論だと結論づけてしまいそうです。しかし物理学者たちは、そうは考えませんでした。この世界には9次元の空間が本当に実在しているだろうと考え、高次元世界を探索しているのです。

3次元をこえる空間は小さく丸まっている

少なくとも私たちには、この世界は3次元空間としか思えません。9次元の空間など、いったいどこに存在しているのでしょうか。

物理学者たちは、高次元空間は私たちのすぐそばにあるけれど、それを感じることができないだけではないか、と考えています。高次元空間が存在していても私たちが認識できないのは、「3次元を超える残りの6次元の空間が、非常に小さく丸まってかくれているためだ」というのが、最も有力な説です。このように

図5-5.　カーペットで考える次元

小さなノミは縦・横だけでなく高さ方向にも動ける。

3次元をこえる次元を「余剰次元」とよびます。

余剰次元が小さく隠れているとは、いったいどういうことなのでしょうか。たとえば床にしいたカーペットを例に考えてみましょう。私たち人間はカーペットの上を前後・左右の2方向に移動できます。ですから、私たちにとって、カーペットの上は2次元と考えることができます。

一方、カーペットの中にいるごくごく小さなノミにとってはどうでしょう。ノミは前後・左右の2方向のほか、丸まった糸の方向（高さ方向）にも動くことができます。つまりノミに

2次元の世界

とって、カーペットは2次元ではなく、3次元だといえます(図5−5)。私たちが2次元だと思っていたカーペットに3次元が隠れていたというわけです。

この丸まった糸の方向が、超ひも理論の「かくれた次元」に相当します。丸まった糸の方向は、カーペットのあらゆる場所にかくれています。これと同じように私たちが知る3次元空間には、非常に小さい余剰次元の空間がかくれているのかもしれないのです。このように、余剰次元を小さく丸めて隠すことを、「次元のコンパクト化」とよんでいます。

実際に2次元のうち1次元をコンパクト化することを考えてみましょう。2次元の平面があるとします(図5−6)。それを丸めて円筒形に

図5-6.　次元を小さく１次元に丸めるイメージ

します。そして、この円筒の直径をどんどん小さくしていき、最終的に直径がゼロになったとき、２次元の平面は、１次元の線になってしまいます。このような考え方が次元のコンパクト化です。超ひも理論では「同様に六つの次元が小さく丸まって、私たちの住む世界にかくれている」と予言しているのです。

丸まった次元のサイズは、ひもと同じくらいのサイズだと考えられています。すなわち10^{-35}メートル程度です。あまりに小さいため、私たちには見たり感じたりすることはできません。しかし、私たちのまわりのありとあらゆる場所に、小さく丸まった6次元空間があるのかもしれないのです。

私たちは3次元空間の住人ですので、4次元以上の空間を絵として思いえがくことは不可能です。そこで物理学者たちは数学を駆使することにより、4次元以上の空間について考えています。このような、3次元を超える余剰次元を小さく丸める数学的な手法は、数学者のテオドール・カルツァ（1885～1954）と、物理学者のオスカル・クライン（1894～1977）によって考案されました。この手法は、1920年代に提案され、その後1980年代に発展を遂げた超ひも理論の中に受け継がれました。

ただし、コンパクト化された次元が本当に存在するのか、また、どのようなしくみでコンパクト化がおきるのかは、よくわかっていません。

かくれた6次元はどんな形？

ここで、超ひも理論の研究で示された、かくれた6次元の空間の姿を紹介しましょう。余剰次元がもし小さく丸まっているとしたら、数学で「カラビ・ヤウ空

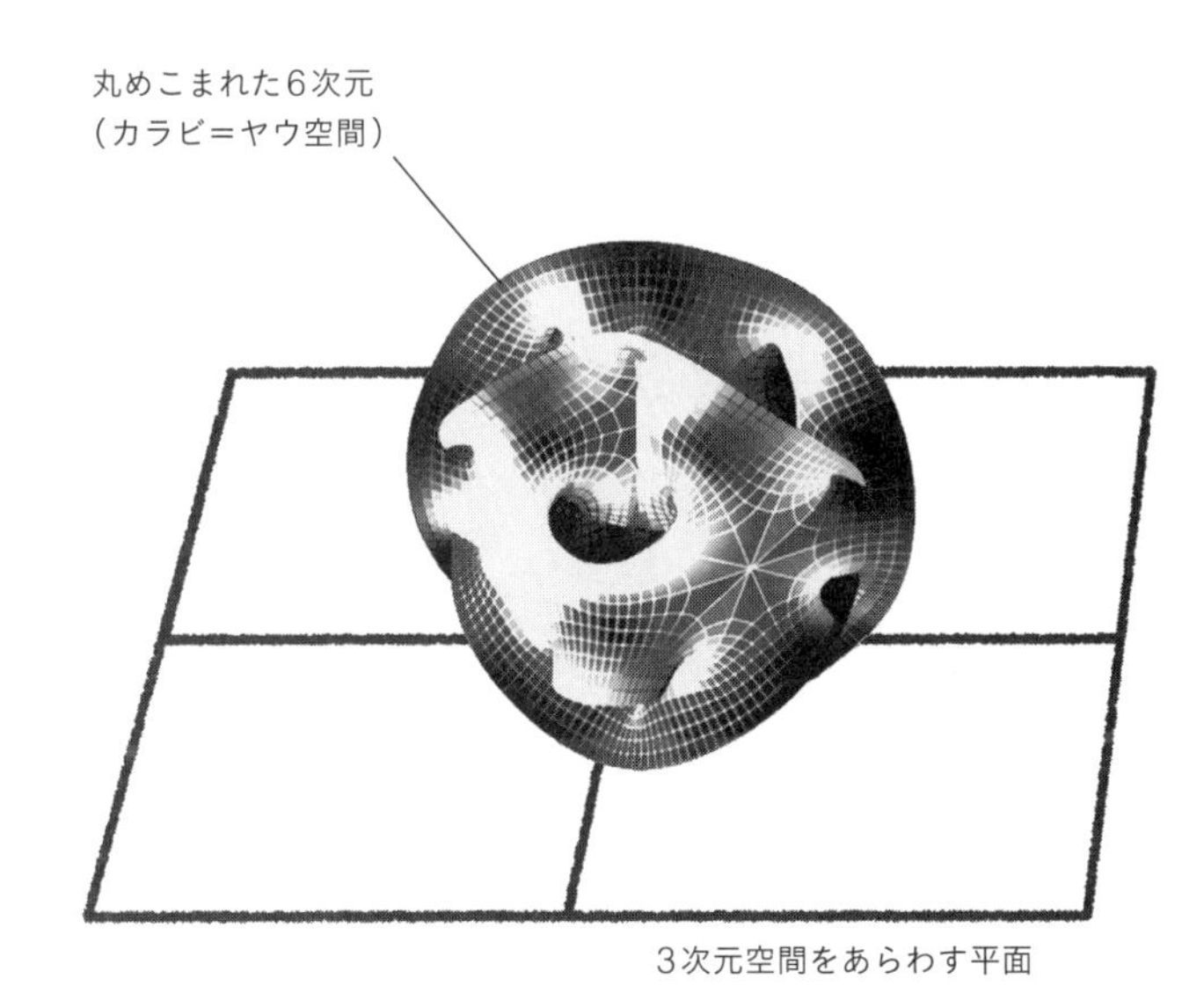

図5-7.　カラビ・ヤウ空間

間」という形で丸まっていると考えられています。図5−7がカラビ・ヤウ空間のイメージです。3次元空間を平面としてあらわし、その上に、丸めこまれた6次元空間をえがきました。カラビ・ヤウ空間は発見者であるユージェニオ・カラビ（1923〜2023）とシン＝トゥン・ヤウ（1949〜）にちなんで名づけられました。

　このような余剰次元が、3次元空間のあらゆる点にくっついているのです。ただし、6次元の空間を正確に絵にえがくことはできません。ここでは3次元世界の住人である私たちにもイメージしやすいよう、次元の数を少なくしてえがいてあります。

カラビ・ヤウ空間はさまざまな形が考えられます。カラビ・ヤウ空間の形によって、その世界での物理法則も変わってきます。しかし、私たちの世界の余剰次元の丸まり方が、実際にどのようなカラビ・ヤウ空間に対応しているのかは、よくわかっていません。

9次元のひもを2次元でえがく方法

ひもが9次元空間で振動しているといわれても、今一つピンとこない人も多いかもしれません。たとえ物理学者であっても、9次元空間を頭の中で思いえがくのは不可能です。しかし、9次元空間で振動するひものようすであれば、1次元ごとに分解することで表現することができます。3次元の建物を、正面や横から見た平面図に分解して表現することと同じように考えるのです。

実際に9次元のひもの振動のようすを表現してみましょう。まず、ひもの一方

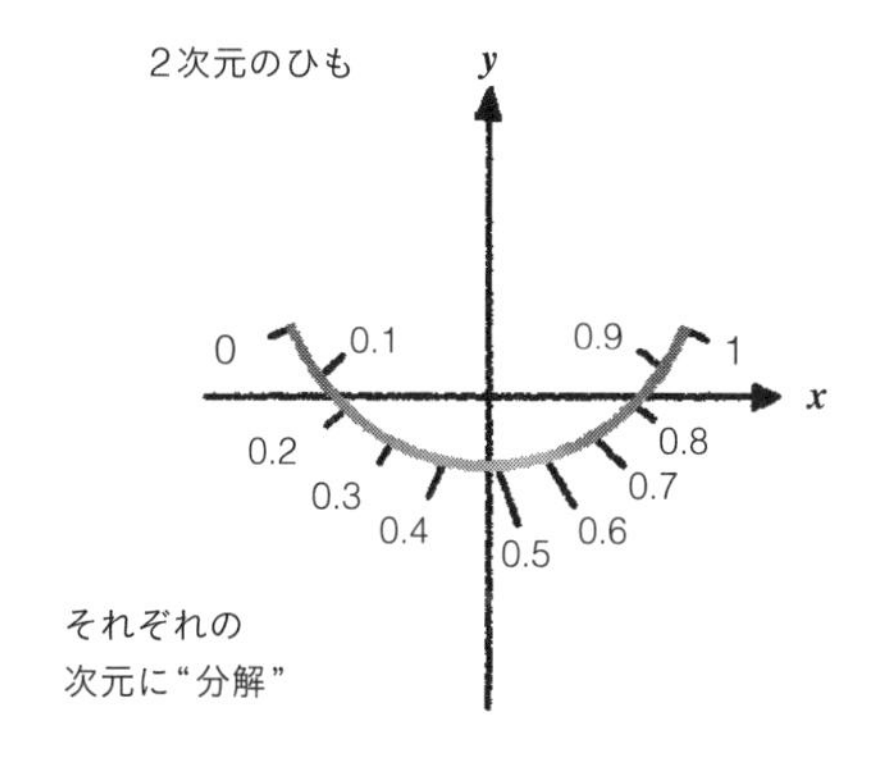

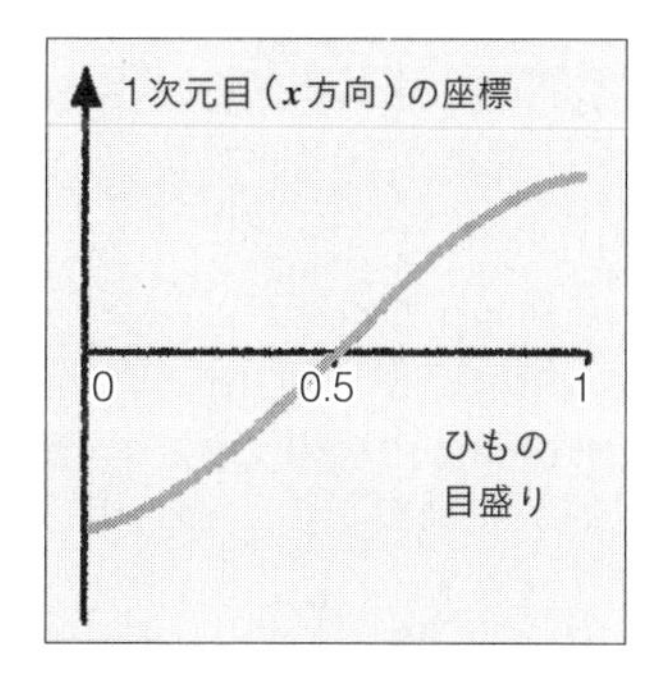

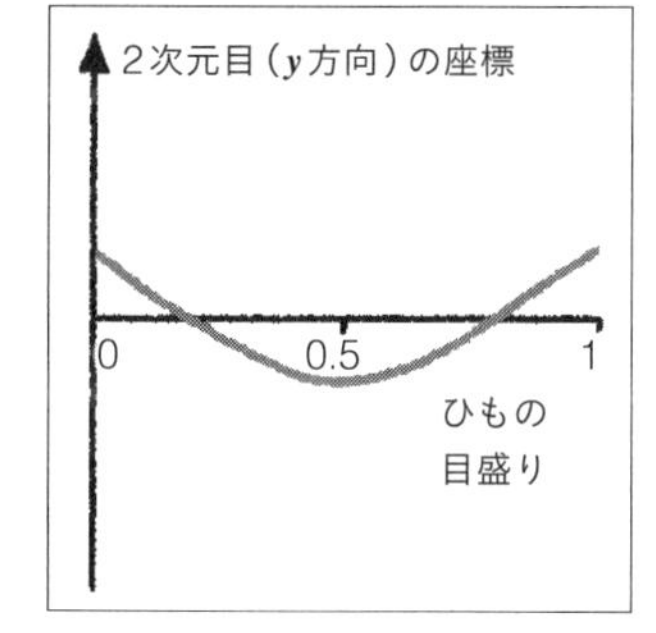

図5-8.　2個の次元に分解した2次元空間で振動するひも

の端を「0」、もう一方の端を「1」として、ひもに0〜1までの目盛りをつけます。そしてそれぞれの次元（方向）で、ひもにつけた目盛りがどこにあるのか（各次元における座標）を示すことで、高次元空間で振動するひもの形を表現することができます。

文章だけではむずかしいので、2次元のひもを、あえて2個の次元に分けて示したものを、例にあげてみましょう（図5−8）。図では、ひもにつけた目盛りの位置を x 座標と y 座標に対応づけて、2次元上のひもの振動をそれぞれの次元に分解してあらわしました。

同じように考えることで、9次元のひもを9個の次元に分けて示すことができます（図5−9）。

9次元空間で振動するひものイメージ

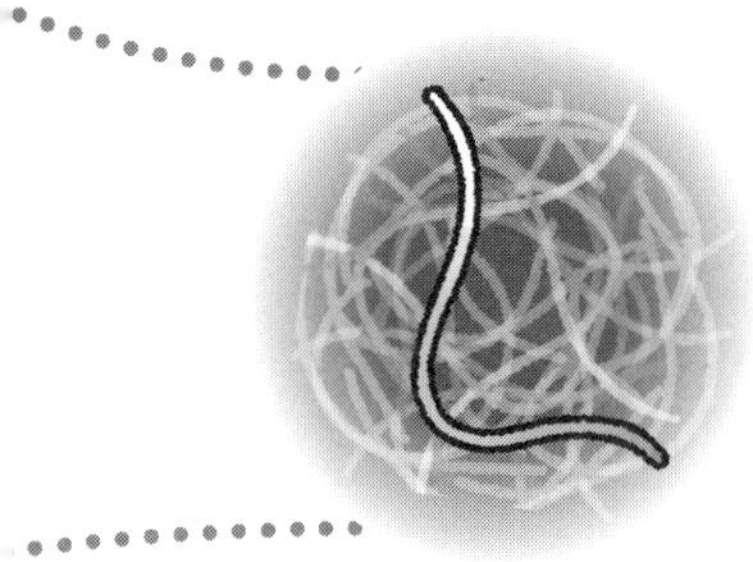

ひもは振動している

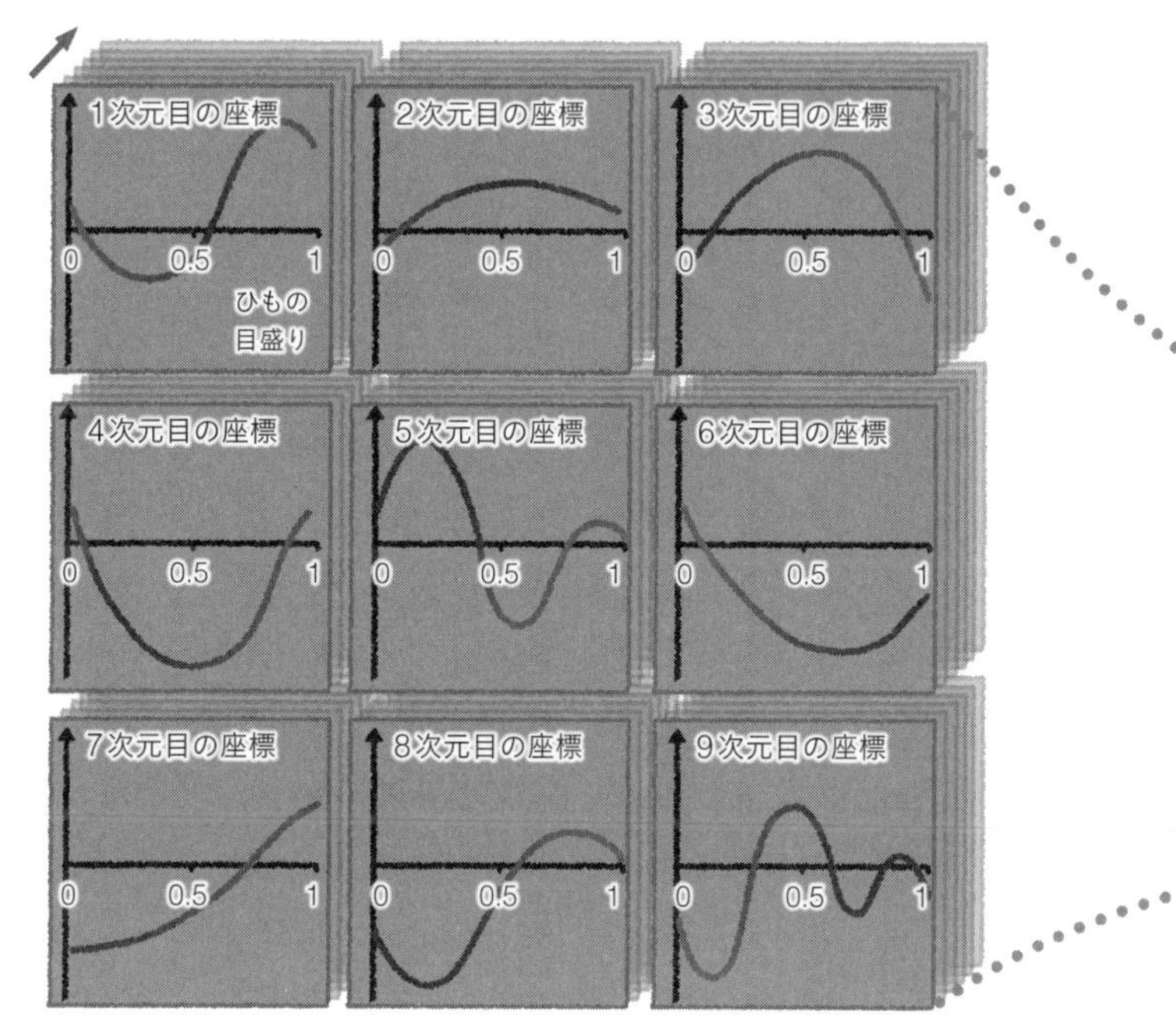

図5-9.　9個の次元に分解した9次元空間で振動するひも

ため、時間とともに形が変化します。すなわち、各次元に分けて示したひもの座標も時間とともに変化します。頭の中で9次元の振動のようすをイメージすることはできませんが、各次元におけるひもの座標の時間変化を統合することで、9次元におけるひも全体の動きをあらわすことができます。

ひもはブレーンという膜にくっついているのかもしれない

超ひも理論の信じがたい予言は、9次元空間だけではありません。なんと、私たちのいる3次元空間は「膜」のようなものかもしれないというのです。

超ひも理論が予言する膜を「ブレーン」といいます。ブレーンは、膜という意味の英語membraneに由来した用語です。その名のとおり、ひもが平面状に広がって膜のようになったものです。一般的な膜は平面なので2次元ですが、超ひも理論におけるブレーンは2次元にとどまりません。

3次元や4次元、果ては9次元に展開するブレーンも存在すると予想されています(図5－10)。このうち1次元のブレーンが「ひも」、すなわち素粒子の正体です。

ブレーンは、1980年代後半より理論的に議論されはじめました。さらに1989年、アメリカの物理学者、ジョセフ・ポルチンスキ(1954～2018)により、ブレーンに関する重要な性質が明らかにされました。それは「特定の条件を満たすブレーンには、開いたひもの端がくっつく」という性質です。このようなブレーンを「Dブレーン」といいます。

第2章で紹介したように、開いたひもとは、両端がくっついていないひものことです。一方、ひもにはもう一つの状態がありました。両端がくっついてリング

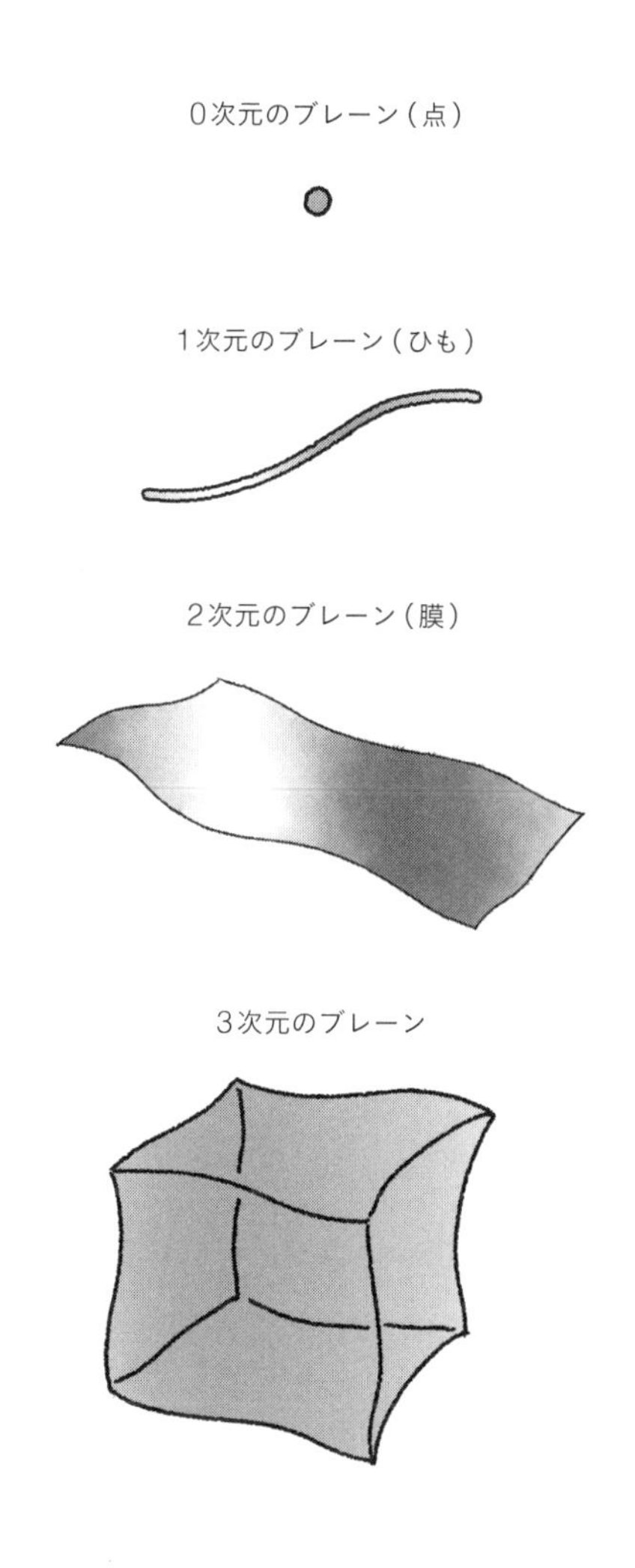

図5-10.　超ひも理論のブレーン

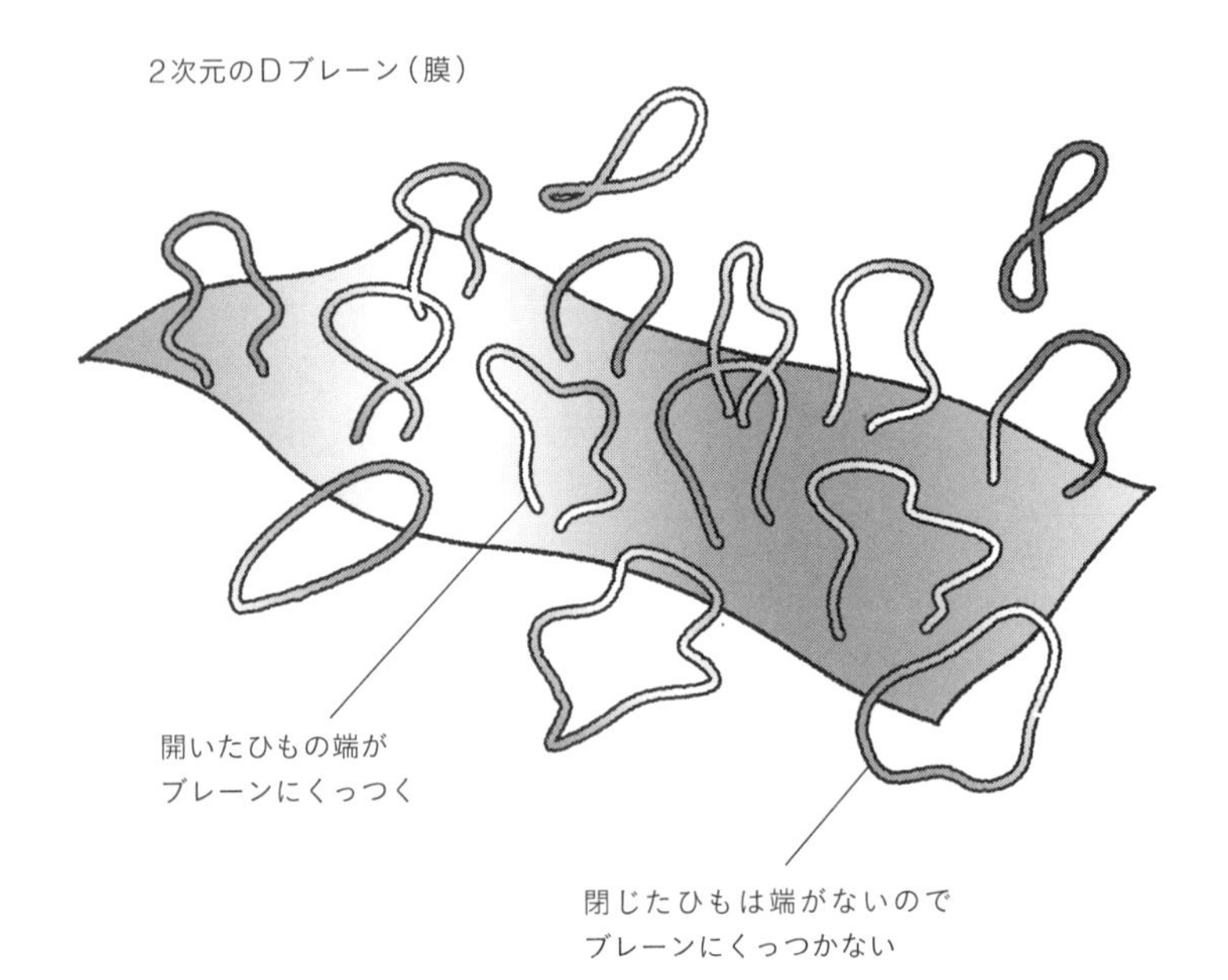

図5-11.　2次元のDブレーン

状になった閉じたひもです。閉じたひもには端がないのでブレーンにはくっつきません。ブレーンにくっつくのは、ひも状の開いたひもだけなのです（図5－11）。

私たちは、ブレーンの中にいる？

ブレーンが本当に存在するのか、実はまだわかっていません。しかし、現代の超ひも理論においてDブレーンはきわめて重要な役割を果たしています。超ひも理論から派生して生まれた「ブレーンワールド」という仮説によると、私たちがいる宇宙空間全体が、広大な3次元のDブレーンだと考えられています。私たち自身はブレーンの中で生活しているため、その存在に気づくことができないというのです。このブレーンを考えることで、超ひも理論は、自然界のさまざまな現象を説明できるようになりました。

先ほど、高次元空間の考え方について、次元のコンパクト化を紹介しました。コンパクト化のシナリオでは通常、余剰次元のサイズは、10^{-35}メートルほどだと考えます。しかし、ブレーンワールド仮説のモデルでは、これよりも圧倒的に大きな余剰次元を考えることがあります。

ブレーンワールド仮説によると、私たちのいるこの3次元空間が3次元のD

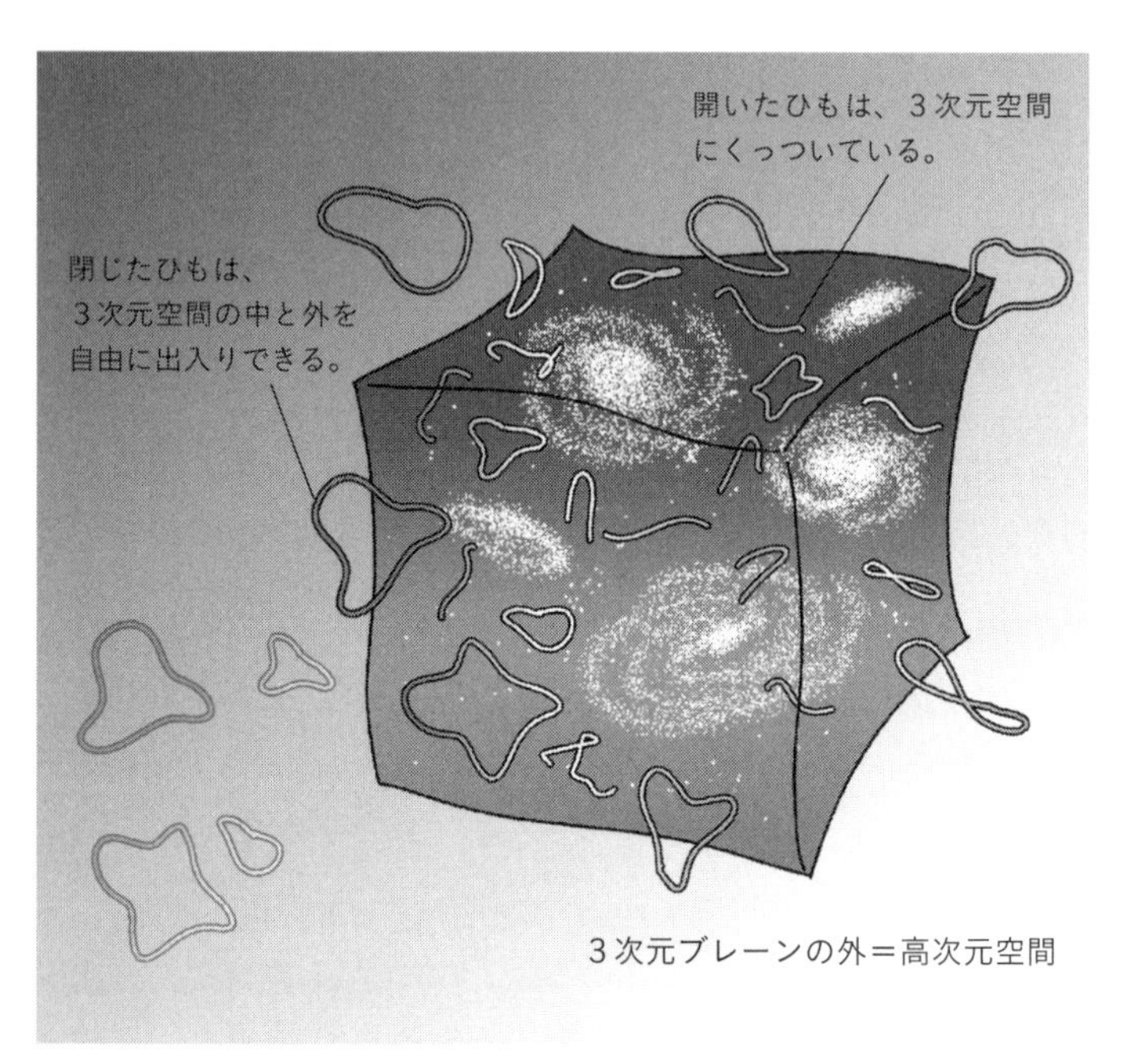

図5-12.　ブレーンワールド仮説

この宇宙そのものが、3次元のDブレーンなのかもしれない。

ブレーンです。そしてこのDブレーンの外が4次元以上の高次元空間というのです。つまり私たちのいる3次元のDブレーンは、広大な高次元空間に浮いているような状態ということになります（図5－12）。

では、私たちの住む3次元のDブレーンを抜けだして、高次元空間に行くことはできないのでしょうか。もしくは、どうにか高次元空間を見ることはできないのでしょうか。

残念ながら、そのどちらもむずかしいようです。先ほども紹介したとおり、Dブレーンには開いたひもの端がくっつきます。そして人体をはじめ、あらゆる物質を構成する素粒子は開いたひもでできていると考えられています。そのため、あらゆる物質を構成する素粒子は3次元空間にはりついており、外の高次元空間に出ていくことは不可能なのです。

また光の素粒子である光子も開いたひもです。ですから3次元ブレーンからはなれることができません。光では3次元ブレーンの外、つまり高次元空間の存在を確かめようがないのです。

一方、重力を伝える重力子は閉じたひもであらわせるため、Dブレーンをはなれて、高次元空間にも伝わることがで

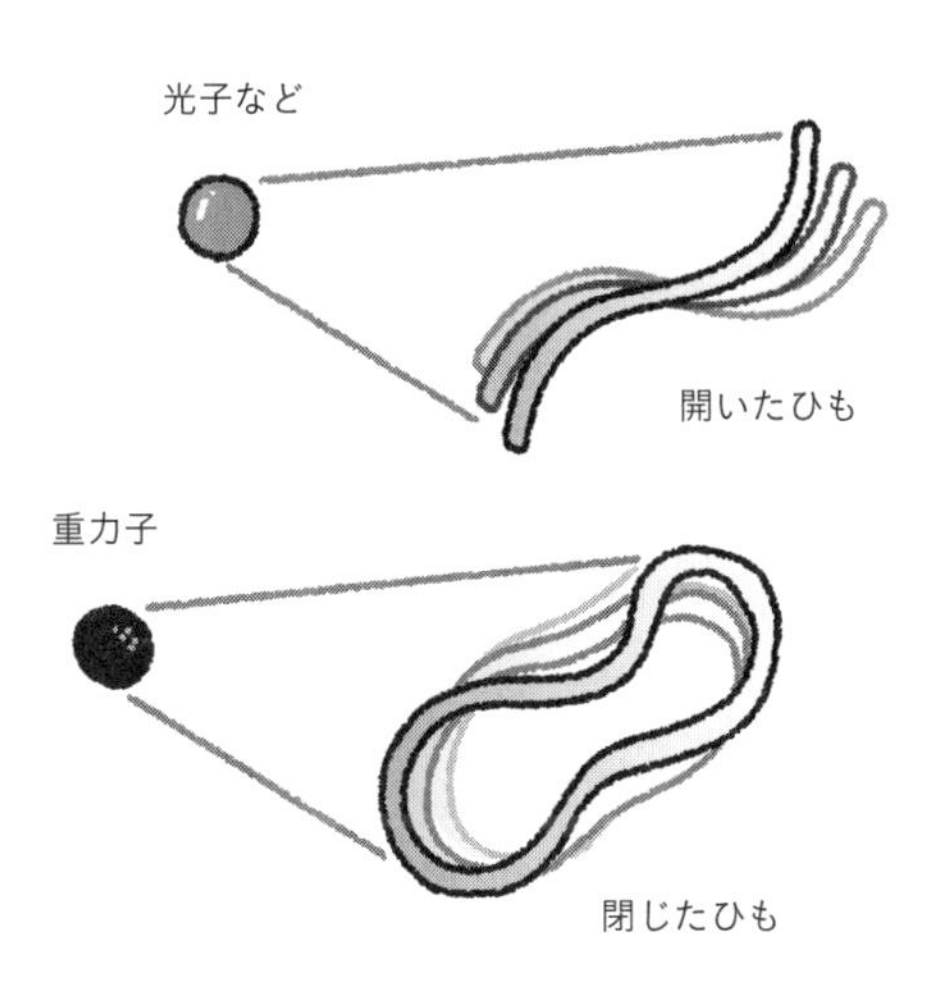

図5-13.　光子と重力子

きると考えられています（図5－13）。

重力はけたちがいに弱い

重力が3次元のDブレーンをはなれて高次元空間にも伝わるという仮説は、重力に関する大きな謎を解くヒントになり得ます。その謎とは「重力が極端に弱い」ということです。電磁気力、強い力、弱い力というほかの三つにくらべて、重力は極端に弱く、それが重力の統一をむずかしくしているのです。

普段重力にしばられて生活している私たちにとっては、重力が極端に弱いといわれてもピンとこないかもしれません。地球上で物が落ちるのはすべて重力のせいですから。しかしこのように私たちが重力を強く感じられるのは、重力源である地球の質量が約6×10^{24}キログラムと、きわめて大きいからにほかなりません。

重力がどれほど弱いかを、磁石の力（電磁気力）とくらべて説明してみましょう。まず、磁石をクリップに近づけてみます。すると、クリップはいとも簡単にもちあがります。クリップは巨大な地球の重力にひっぱられているにもかかわらず、

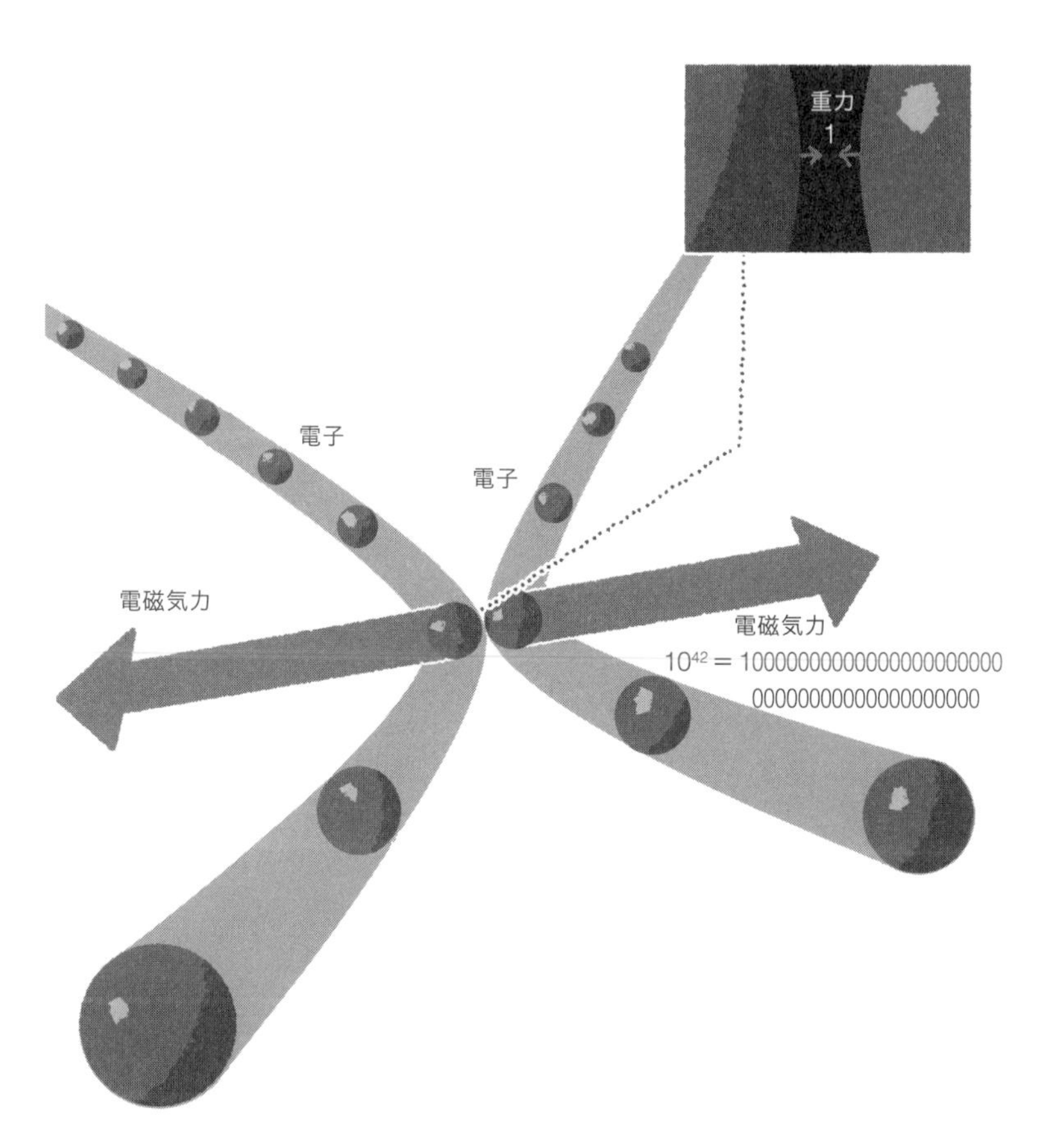

図5-14.　電磁気力と重力の比較

手のひらにおさまるほど小さな磁石の磁力によって、簡単に浮き上がるのです。

これは重力が磁力にくらべて圧倒的に弱いことを意味しています。電磁気力と重力の大きさを比較すると、重力は電磁気力の10^{42}分の1程度しかありません（図5－14）。また電磁気力以外のほかの二つの力と比較しても、重力はきわめて弱いのです。これが物理学者たちにもわからない、大きな謎です。三つの力に重力を統合するには、重力だけがここまで弱い理由を探る必要があります。

この謎を解く手がかりこそ、ブレーンです。前述したように、重力を伝える重力子だけは閉じたひもだと考えられています。そのため、物質を構成する素粒子や、光子などとはちがい、3次元のDブレーン（3次元空間）に重力子はくっついていません。つまり、重力子だけは3次元空間の外に飛びだし、高次元空間にも移動しているのかもしれないのです（図5－15）。

そして、重力子が高次元空間へと拡散する分、3次元空間での重力は弱まってしまうと考えられるわけです。つまり重力は、電磁気力といったほかの力と本来は同じ程度に強いけれど、高次元空間に移動することができるため、弱く見えるのではないか、と考えられています。

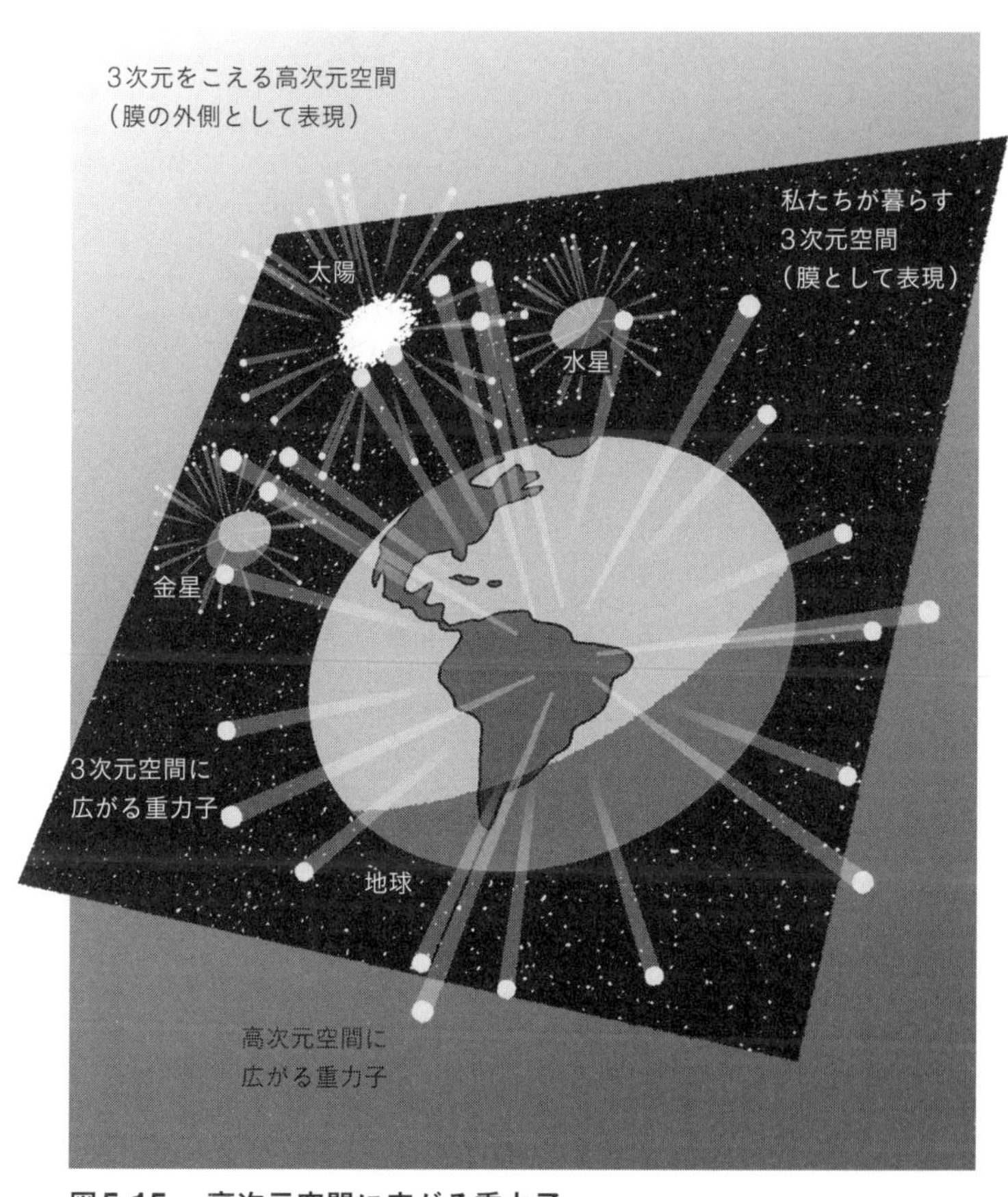

図5-15.　高次元空間に広がる重力子

重力の伝わり方から次元の数がわかる

超ひも理論では、この世界は9次元空間であることを予言しています。しかし超ひも理論がいくらみごとな理論であっても、証拠がなくては成立しません。この世界が何次元空間なのかを知るためには、実験や観測により、実際に空間が何次元かを確認する必要があります。

いったいどうすれば、この世界の空間の次元の数を調べることができるのでしょうか。その方法の一つは、重力の伝わり方の特徴を調べることです。

おさらいになりますが、重力とは、質量をもつ二つの物体の間にはたらく引力のことです。重力は二つの物体の距離が近づくほど強く、遠ざかるほど弱くなります。重力は「距離の2乗に反比例する」のです。これは、距離が2倍になると、重力は4分の1（2^2分の1）の大きさになり、距離が3倍になると重力は9分の1（3^2分の1）の大きさになる、ということです。重力の大きさは次の数式（万有引力の法則）であらわせます。

$$重力 = G\frac{Mm}{r^2}$$

Gは万有引力定数。Mとmは二つの物体の質量、rは二つの物体間の距離。

また、第3章でも説明しましたが、重力の大きさは「力線」であらわすことができます。地球の重力の力線は、地球の中心から周囲に均等に飛びだした線としてえがくことができます。地球からある距離の地点における重力の強さは、その地点をつらぬく力線の密度によってあらわされます。

実はこのような重力の伝わり方は、空間の次元と大きく関係しています。たとえば、地球から1000本の力線をえがいたとしましょう(図5－16)。すると、ある場所の力線の密度はこの1000を重力源を中心とした球の表面積で割ったものとなります。すなわち「1000÷球の表面積」です。

球の表面積の公式は、中心からの距離をrとすると、「$4\pi r^2$」とあらわせます。したがって距離rの場所の力線の密度は$\frac{1000}{4\pi r^2}$と書けます。この式は力線の密度、すなわち重力の大きさが距離rの2乗に反比例して小さくなることを示しています。この式が、この世界が3次元空間だった場合の計算です。実際に重力の大

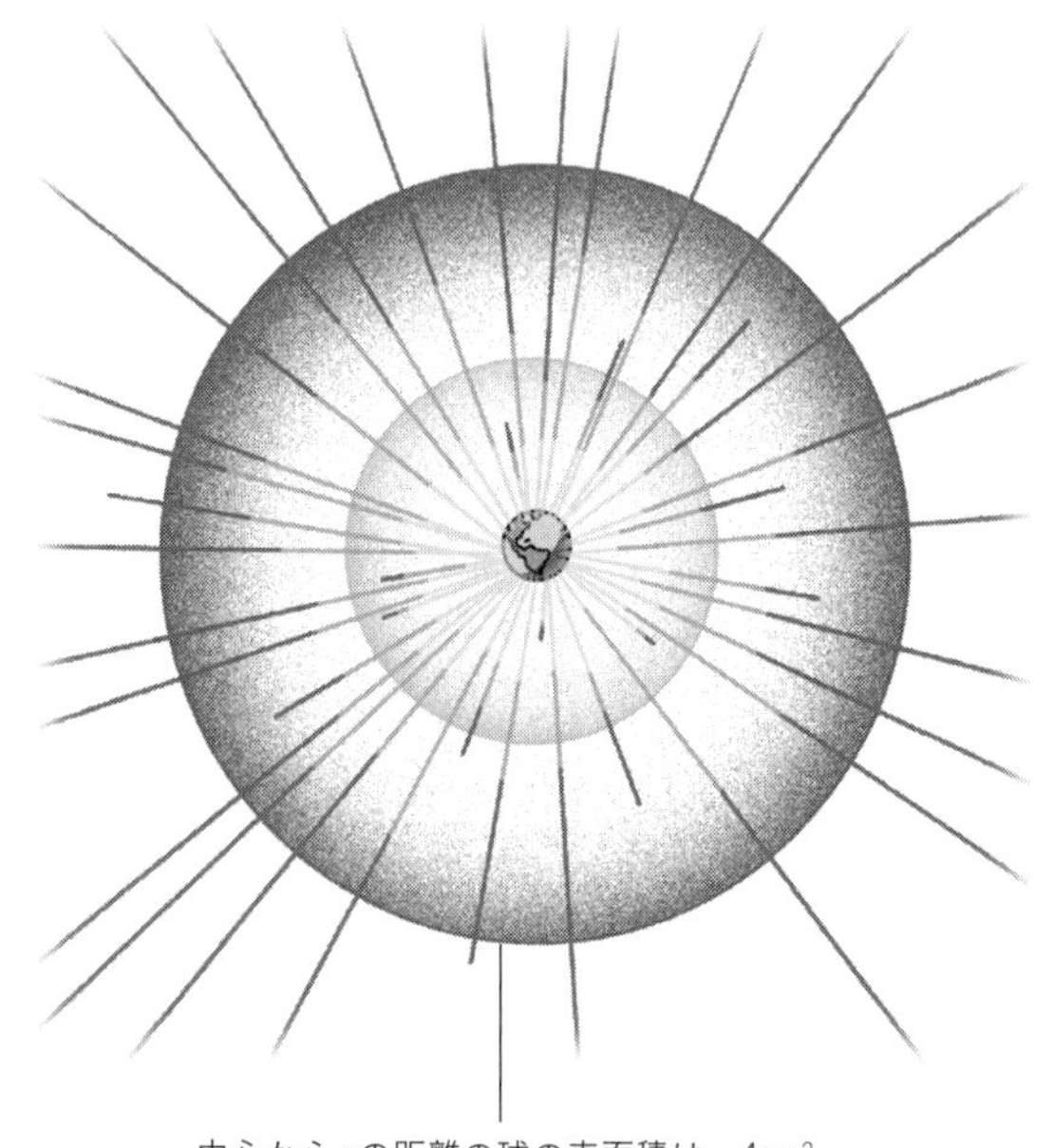

図5-16.　3次元空間の場合の重力の力線

きさは、距離の2乗に反比例しますから、観測事実とも合っています。

では、もしこの世界が2次元の世界だったらどうなるのでしょうか。2次元空間の場合、重力線の密度は「1000÷円周の長さ」で求められるはずです。中心（重力源）からの距離をrとすると、円周の長さは「$2\pi r$」です。したがって距離rの地点の力線の密度は$\frac{1000}{2\pi r}$です（図5-17）。

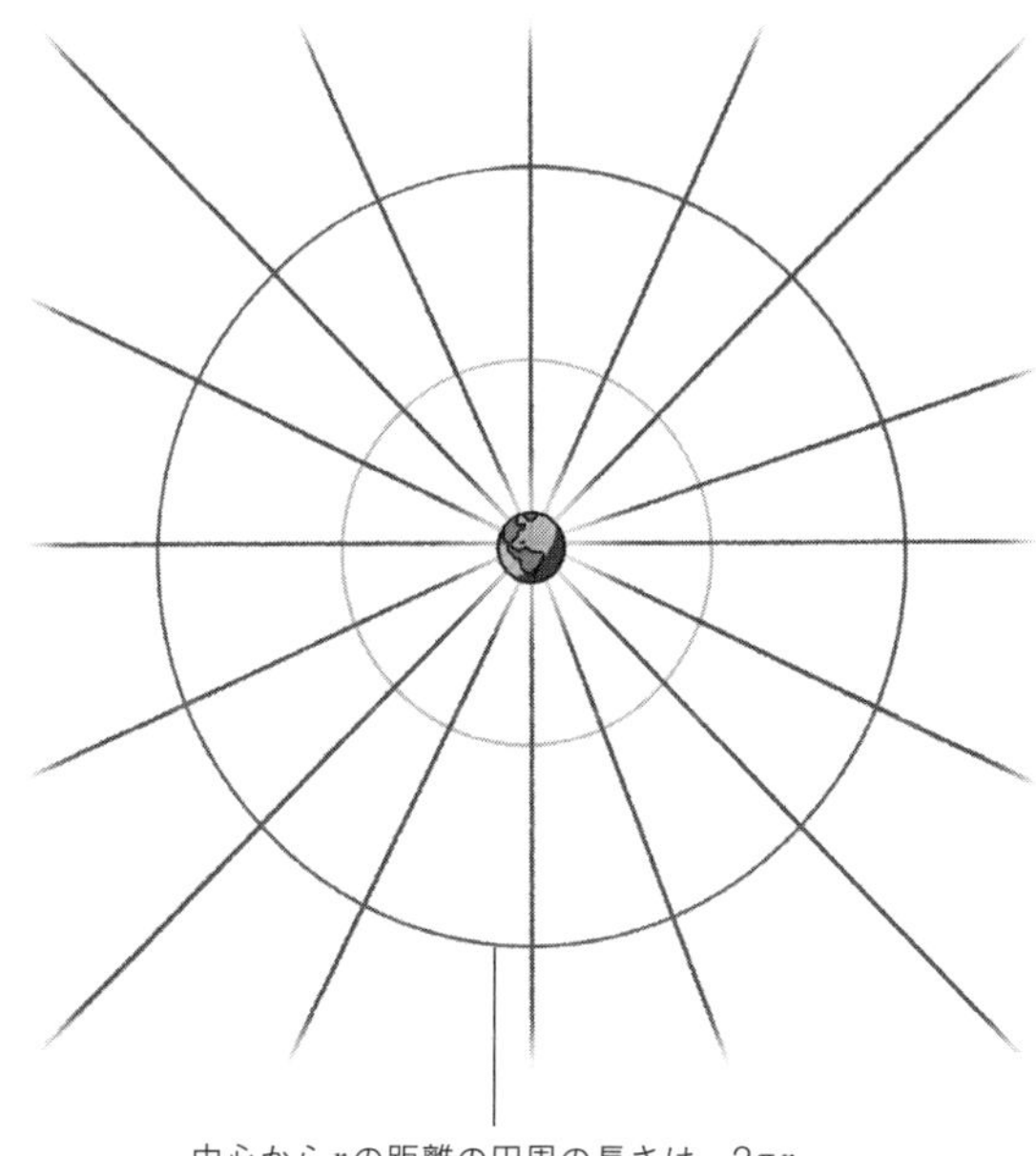

図5-17.　2次元空間の場合の重力線

つまり2次元世界で重力を考えると、距離rの1乗に反比例することになります。このように、空間の次元の数によって、重力の伝わり方は変わるのです。

重力が距離の2乗に反比例することを示した万有引力の法則は、天体の軌道計算、人工衛星の軌道の計算など、さまざまな場面で使われています。つまり万有引力の法則は正しく、やはり、この世界は3次元空間だということになります。

では、3次元を超える高次元空間は本当は存在しないのでしょうか。実はそうともいい切れません。というのも、重力の伝わり方にはまだ検証されていない領域が残っているためです。0・1ミリメートル以下といった短い距離で、重力の強さが本当に距離の2乗に反比例するのかは、まだ正確に確認されていないのです。

かくれた余剰次元の存在を調べるには、余剰次元の大きさよりも短い距離で、重力がどのように伝わるかを知る必要があります。かくれた余剰次元の大きさよりも近い距離まで近づくと、重力の法則が高次元空間のものに切り替わる可能性があるのです。

先ほど計算してみたように、理論上、重力の大きさは「距離の［空間次元−1］乗に反比例する」ことがわかっています。2次元空間なら距離の1乗、3次元空間なら距離の2乗、そして4次元空間なら距離の3乗、5次元空間なら距離の4乗に反比例します。そして、もしこの世界が超ひも理論の予言通り9次元空間だったとしたら、重力は距離の8乗に反比例します。

これは空間の次元が高いほど、距離が近づくにつれ、重力は急激に強くなるこ

図5-18.　おもりと重力源の間の距離と、重力の強さの関係を示したグラフ

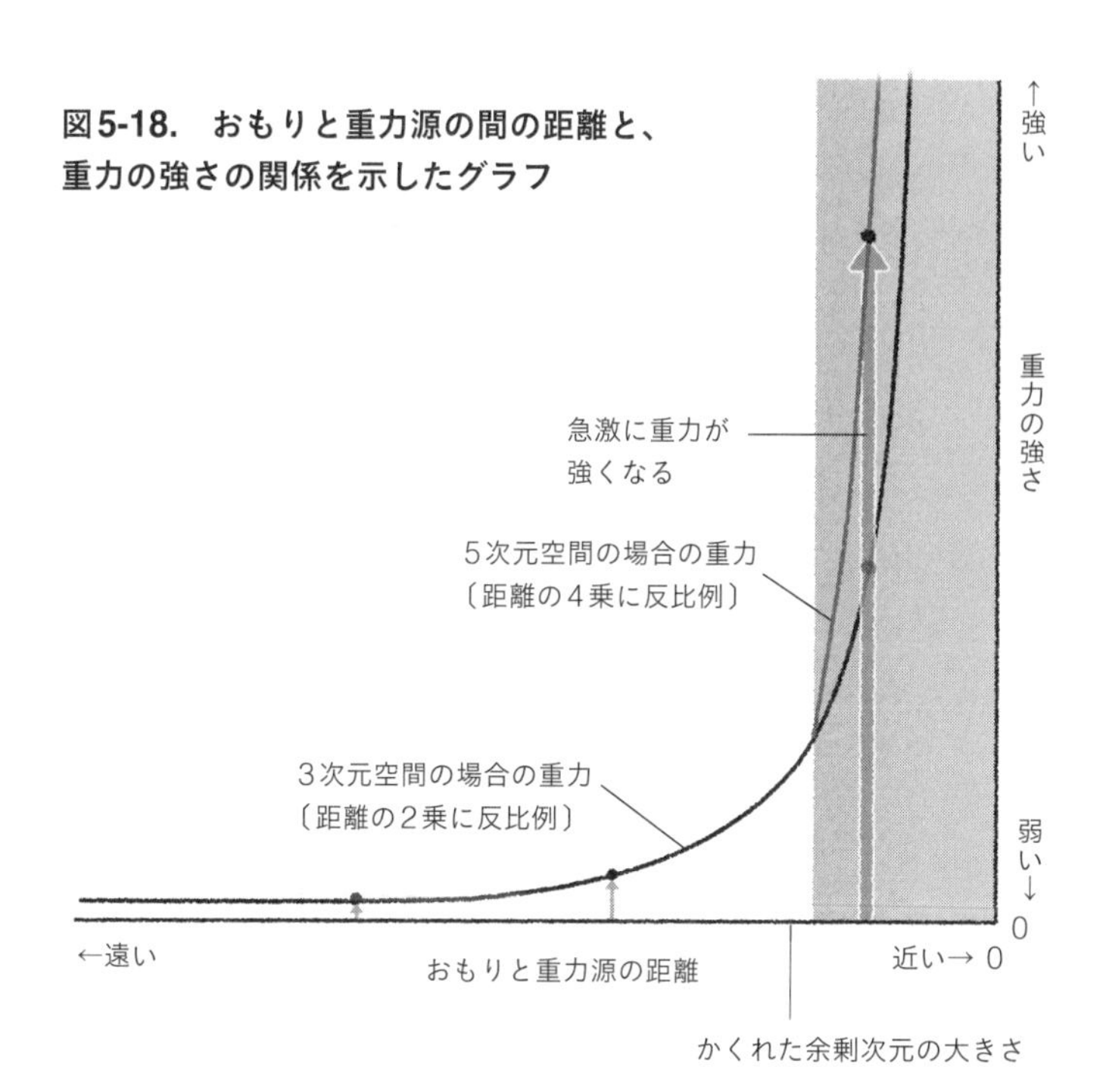

とを意味します（図５－18）。すなわち、重力の大きさを余剰次元ほどの短い距離で観測できれば、この世界が何次元であるのかがわかるかもしれないのです。

ただし、０・１ミリメートル程度の距離で重力の検証を行った研究で、余剰次元の存在を意味する結果は得られていません。高次元空間が本当に存在するのかどうかは、さらに近い距離の重力を計測しないといけないようです。高次元空間が存在するかどうかは、超ひも理論のみならず、現代物理学の重要なテーマといえるでしょう。

第6章

この宇宙に残された謎と超ひも理論

一般相対性理論と量子力学との統合が鍵

万物の理論の完成に向け、その前に立ちはだかっている大きな課題、それが重力です。ここまで説明してきたとおり、素粒子の理論である標準理論は、電磁気力、弱い力、強い力の三つの力を一緒にあつかうことができ、素粒子レベルでさまざまな現象を説明することができます。しかし重力だけは、標準理論では取りあつかうことができません。また、重力を伝えている重力子も、まだ見つかっていません。素粒子にはたらく重力をうまく記述できないのは、「一般相対性理論」と「量子力学」という二つの理論を統合できていないためです。

第3章で説明したとおり、現在、重力は「一般相対性理論」という理論で説明されています。一般相対性理論は、重力の正体を「時空のゆがみ」と考えるアインシュタインが構築した理論です。

一方、標準理論をはじめとした、素粒子をあつかう理論は、ミクロな世界を支配する「量子力学」という理論を土台に構築されています。量子力学と一般相対性理論は、現代物理学を支える2大理論といえるでしょう。

ここで量子力学について簡単に解説しておきましょう。量子力学によると、あらゆる現象は「確率的」にふるまいます。たとえば、二つの箱を用意して、そのどちらか一方にボールを入れておくとします。普通はどちらか一方の箱にボールが入っていれば、もう一方にはボールは入っていません。しかし、量子力学の世界では一つのミクロな粒子が、「二つの箱に同時に入っている」という状況がありうるのです。ミクロな粒子がどちらの箱に入っているかは、箱を開けて「観測」することではじめて決まります。観測前にいえることは、それぞれの箱には「50%の確率で粒子が入っている」ということだけです。

また、量子力学の世界の基本法則の一つに「不確定性原理」があります。この原理によると、たとえばある物体の位置を決めると、その物体の速度（厳密には質量×速度であらわされる「運動量」）が不確定になり（ゆらぎが大きくなり）、一方で物体の速度が決まると、今度は位置が不確定になってしまうというのです。このような位置と速度の関係は、不確定性原理の一例であり、ミクロな世界ではさまざまなものの間に不確定性原理が成り立つことが知られています。ミクロな世界は、ゆ

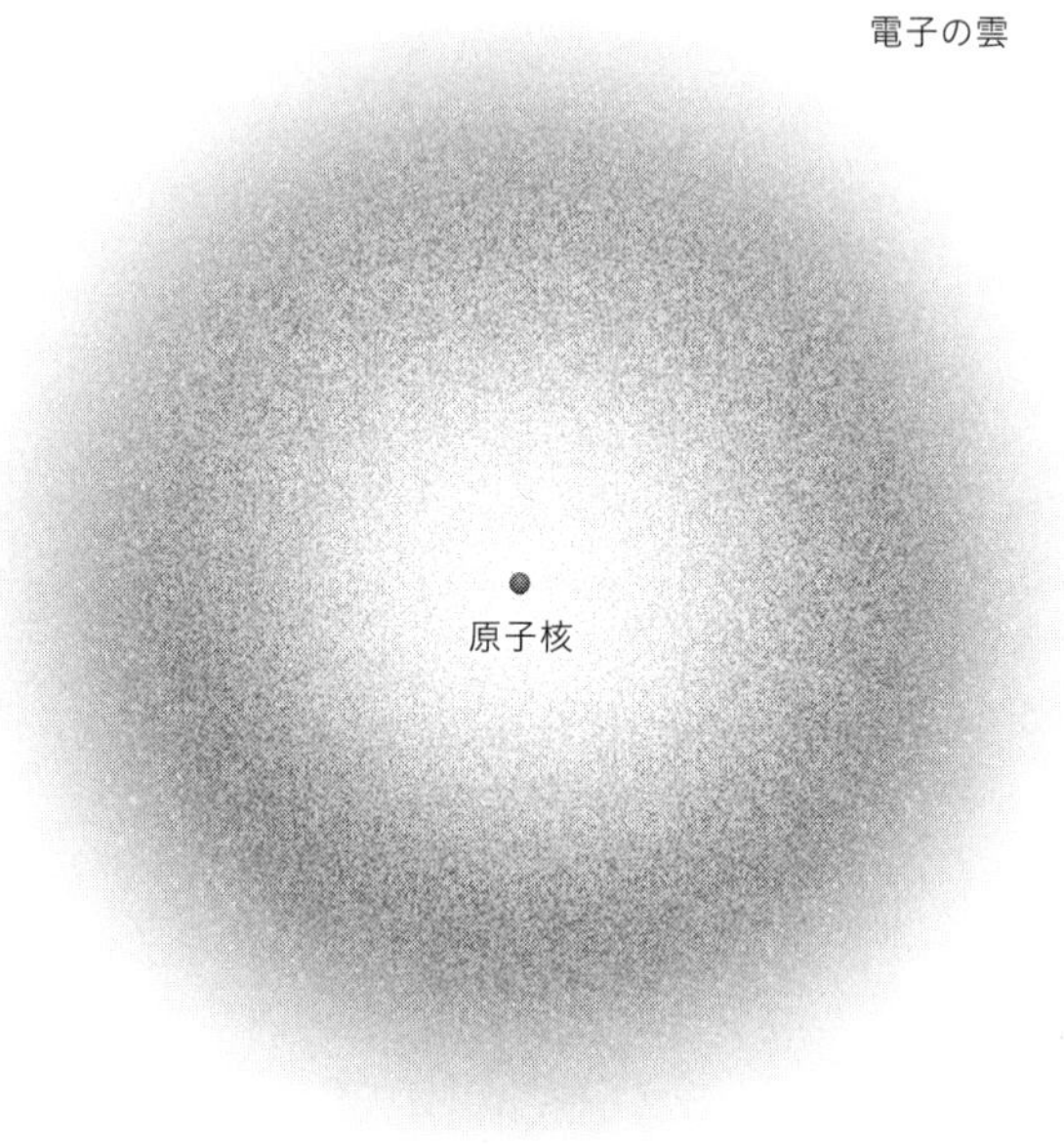

電子の雲

原子核

図6-1.　量子力学にもとづく原子の姿

らぎに支配されているのです。

たとえば原子を絵にえがくとき、原子核のまわりに「電子の球」が飛んでいるようにあらわすことが多くあります。この本でもここまでそのように原子をえがいてきました。しかし、量子力学にもとづくと、それは正しい原子の姿とはいえません。実際には電子はゆらいでいて、原子核のまわりをぼんやりと雲のように取り巻いている状態になります。一つの電子が雲のように広い範囲に同時に存在しているわけです（図6－1）。

ミクロな世界での重力を考える場合、一般相対性理論に量子力学を適用する必要があります。しかし、この二つの理論をうまく統合できていないせいで、ミクロな世界ではたらく重力について考えることができないのです。

一般相対性理論は、宇宙規模の「マクロな世界」の物理法則で、量子力学は素粒子レベルの「ミクロな世界」の物理法則です（図6－2）。両者はそれぞれの守備範囲においては、非常に有効な理論です。しかし、一般相対性理論と量子力学を同時にあつかおうとすると、問題が生じます。ミクロな世界で重力を考えると、空間のゆがみまでもゆらいでしまいます。すると、計算結果に無限大という意味のない答えが出てきて、理論が破綻してしまうのです。

ほかの三つの力とちがい、重力にはくりこみ理論を使うことができません。そのため、重力を伝える重力子を大きさのない点だと考えると、無限大の問題を回避できないのです。

そこで登場するのが、超ひも理論です。超ひも理論では、重力を伝える重力子

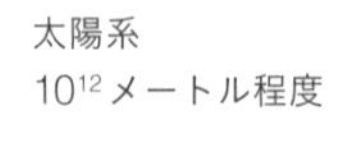

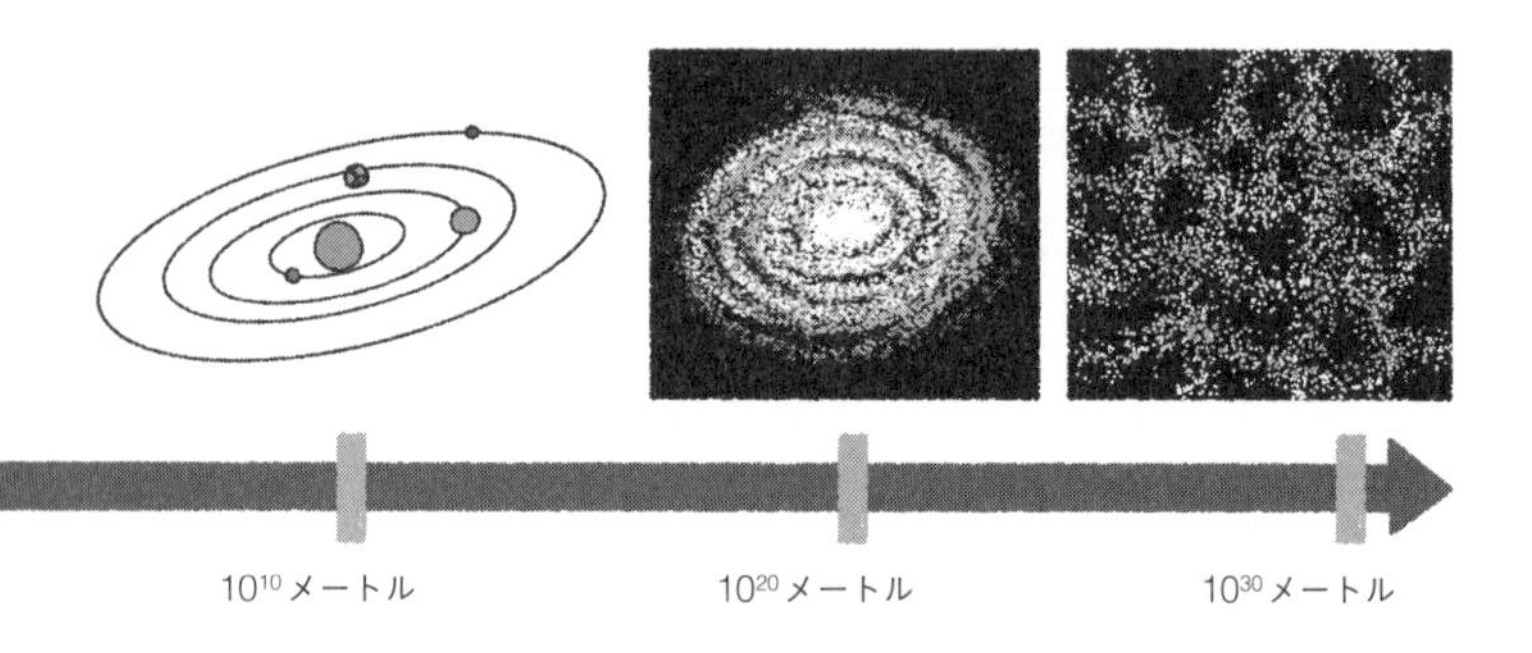

図6-2.　一般相対性理論と量子力学の守備範囲

を点ではなく、大きさのあるひもだと考えることで、無限大の問題を回避します。この超ひも理論こそ、一般相対性理論と量子力学の統合を実現する、万物の理論の最有力候補といえるのです。

　超ひも理論が完成すれば、どのような謎が解明されるのでしょうか。この第6章では、現代物理学が抱えるこの世界の謎と、超ひも理論について、見ていきましょう。

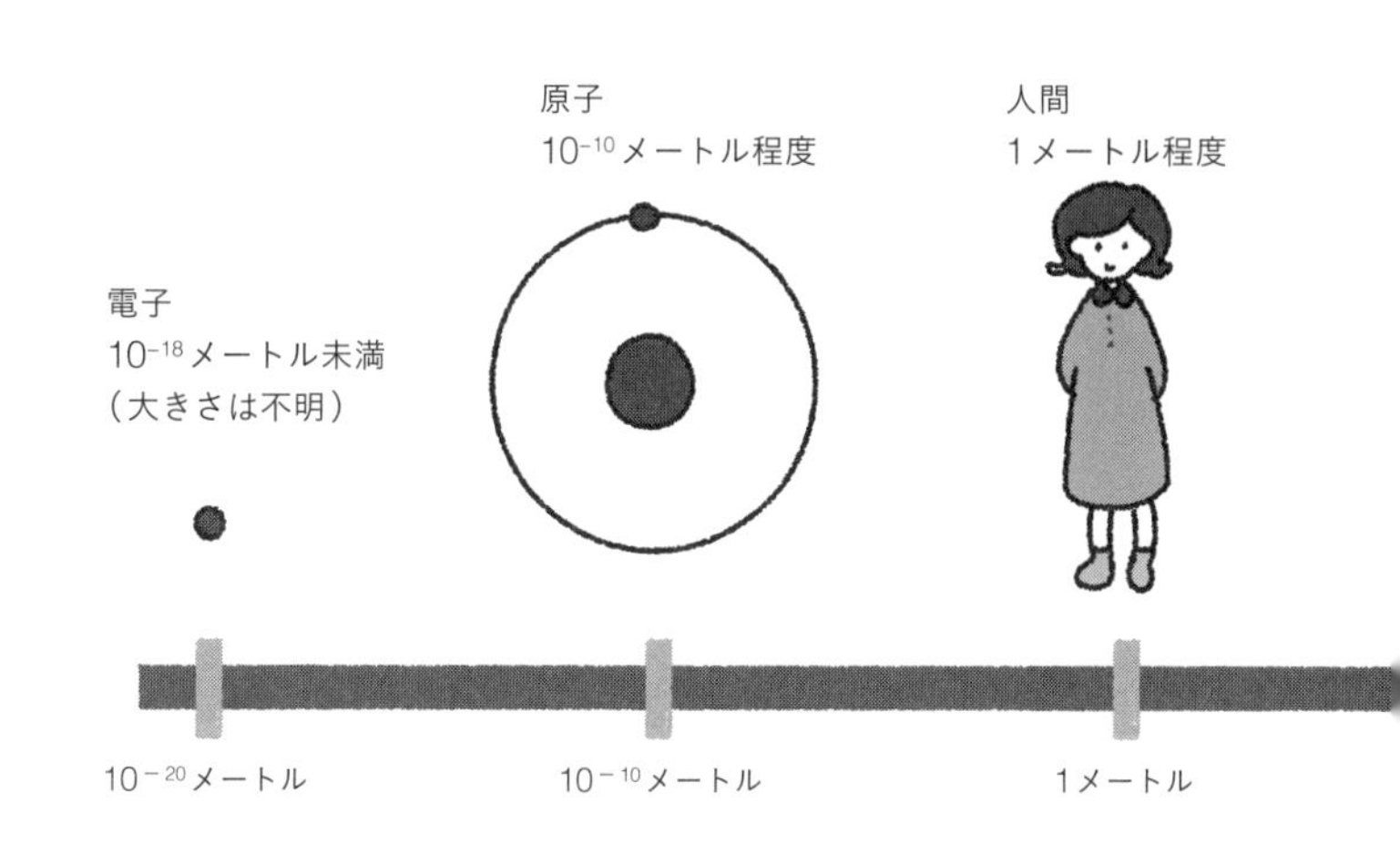

宇宙は点からはじまった

超ひも理論が完成すれば、この宇宙がどのようにして生まれたのか、また、どのようにして終わりをむかえるのかを解明できると期待されています。

現在の物理学ではミクロな世界で重力が非常に強くなる状況について、解き明かすことができません。しかし超ひも理論であれば、それさえも解き明かすことができます。ミクロな世界で重力が非常に強くなる状況——その代表例こそ、宇宙のはじまりです。

「宇宙は膨張している」という話を聞いたことはあるでしょうか。この事実は1920年代後半に、アメリカの天文学者、エドウィン・ハッブル（1889〜1953）や、ベルギーの天文学者、ジョルジュ・ルメートル（1894〜1966）らによって発見されました。宇宙に散らばった銀河の観測結果などを分析したところ、ほとんどの銀河が地球から遠ざかっていたのです。しかも、地球から遠い銀河ほど、速い速度で遠ざかっていました。これが宇宙膨張の証拠でした。地球から見て銀河が遠ざかって見えていたのは、空間が膨張し、銀河の間の距離がのびていたためだったのです。

宇宙膨張の発見は、宇宙の歴史を考えるうえで、きわめて重要でした。なぜなら、宇宙が膨張しているということは、逆にいうと過去にさかのぼるほど宇宙は小さく、物質は密集していたことになるからです（図6－3）。

宇宙は今から約138億年前に誕生したと考えられています。宇宙が誕生した直後、非常にせまい空間に素粒子がぎゅうぎゅうにつめこまれ、高温・高密度

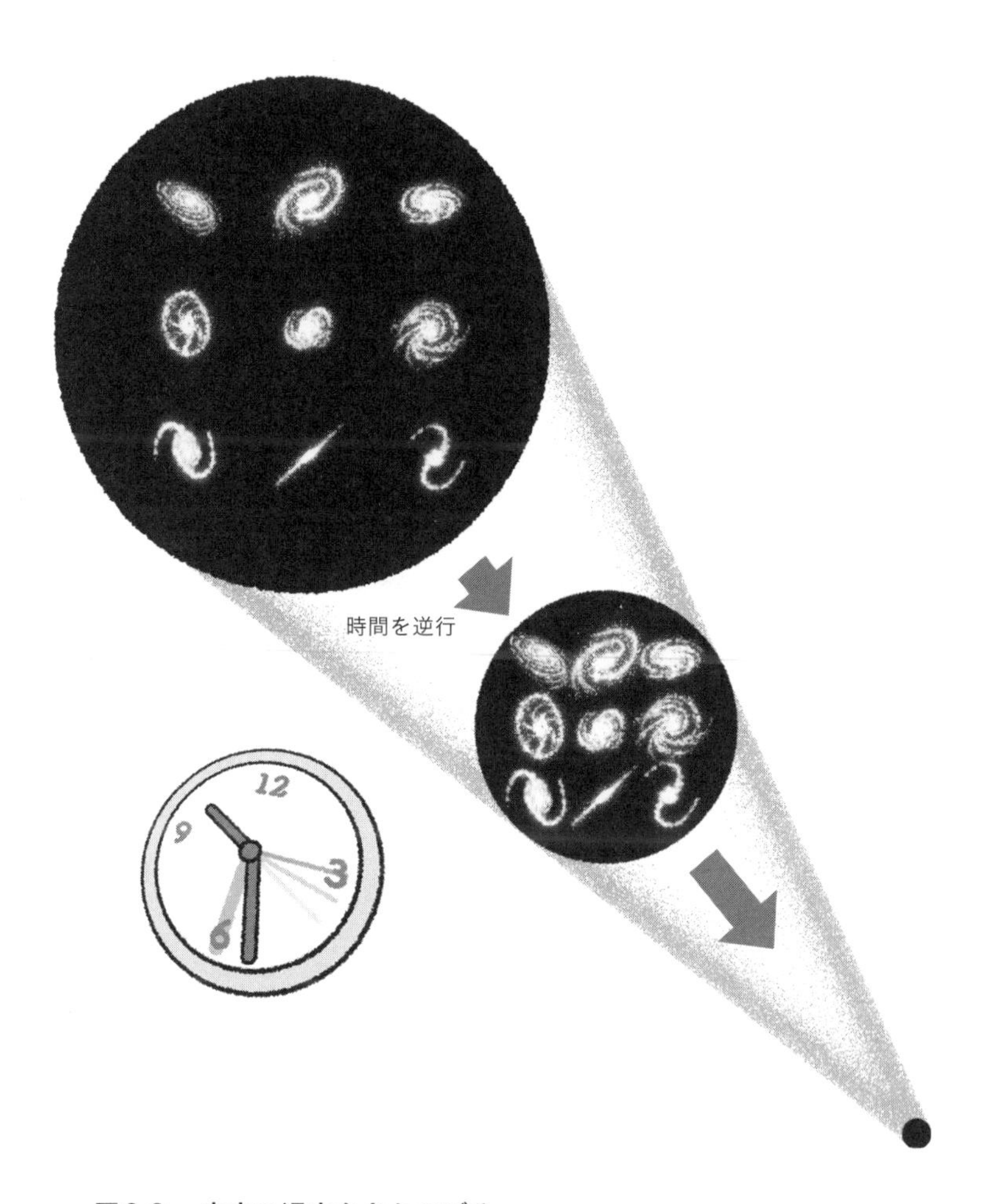

図6-3.　宇宙の過去をさかのぼる

な状態で存在していたようです。素粒子が高密度に存在するということは、そこに質量が大きいものが存在することになるため、強い重力が生じます。つまり、ミクロな世界に強い重力がはたらいている状況ということです。標準理論ではこの状況の計算ができないため、宇宙誕生直後のようすを標準理論で解き明かすことはできません。

しかし超ひも理論であれば、量子力学が必要なミクロ空間ではたらく重力でさえも、計算できる可能性があります。つまり、超ひも理論で誕生直後の宇宙のようすにせまることができるかもしれないのです。

宇宙が生まれてすぐは、物質をつくる素粒子(ひも)と、力を伝える素粒子(ひも)が高密度に存在する混沌とした状況だったと考えられています。その混沌とした状況で素粒子がたがいにどのような影響をあたえ合っていたか、すべての種類の素粒子について計算できるのは、超ひも理論だけです。

宇宙は無から生まれた？

膨張する宇宙をさらにどこまでも過去にさかのぼっていくと、どんどん縮んで、最終的には大きさがゼロになるまでつぶれていかざるを得ません。この最後の点を「特異点」といい、これこそ宇宙のはじまりだと考えられています。

しかし、宇宙が特異点からはじまった、という考えは物理学者を大きく困惑させてきました。特異点は、理論上、体積がゼロであり、それでいながら物質の密度と温度が無限大になるからです。特異点においては、物理学の計算結果が無限大になり、破綻してしまうため、宇宙がどのようにして誕生したのか、その瞬間を解き明かすことはできていないのです。

宇宙のはじまりについては、いくつかの仮説がとなえられています。たとえば、量子力学の効果を取り入れて、宇宙は「究極の無」から生まれたという仮説があります。究極の無というのは、物質だけでなく、時間や空間すらも存在しない、ということです。このような仮説は、１９８２年にアメリカの物理学者、

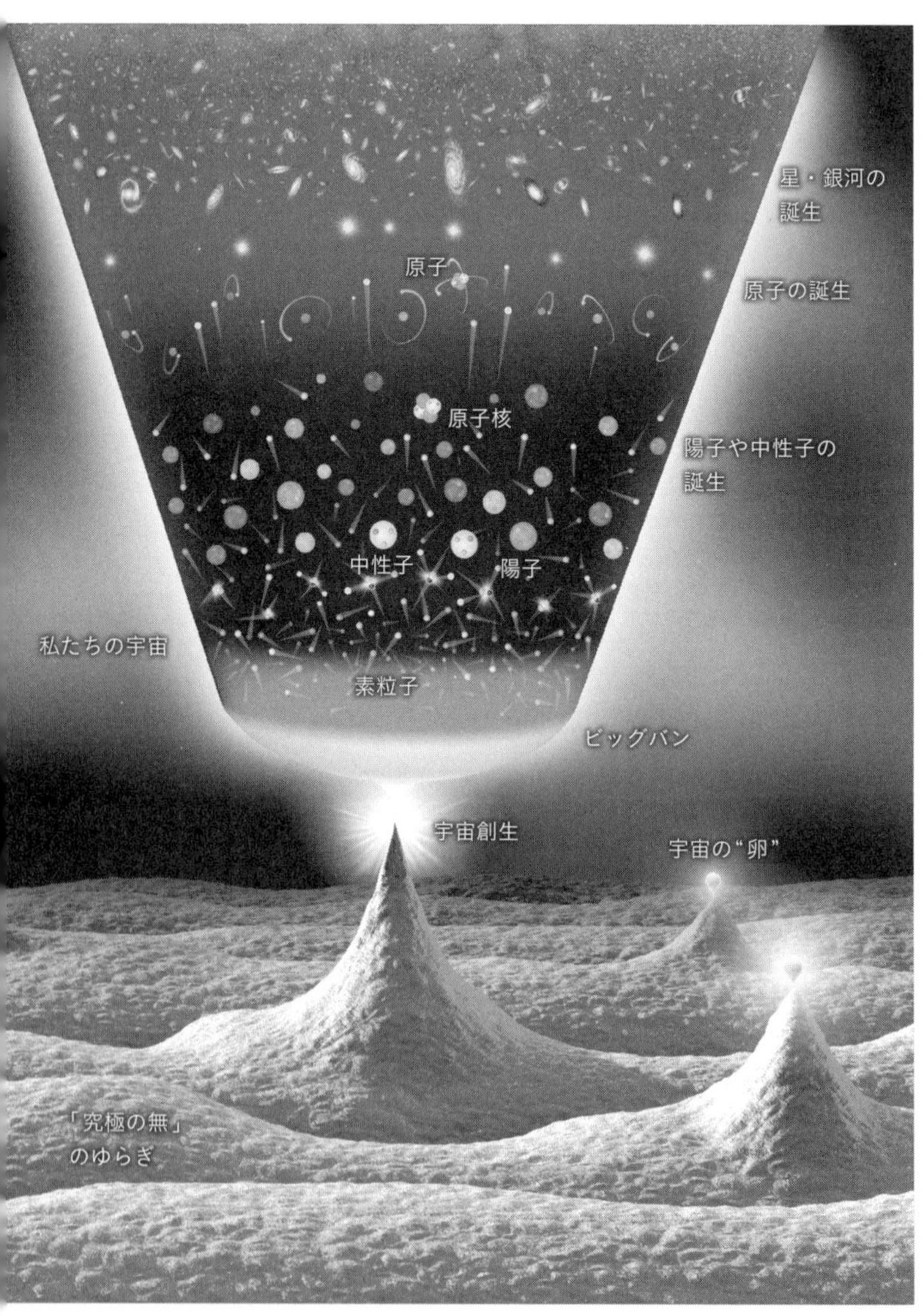

図6-4.　無から生まれた宇宙

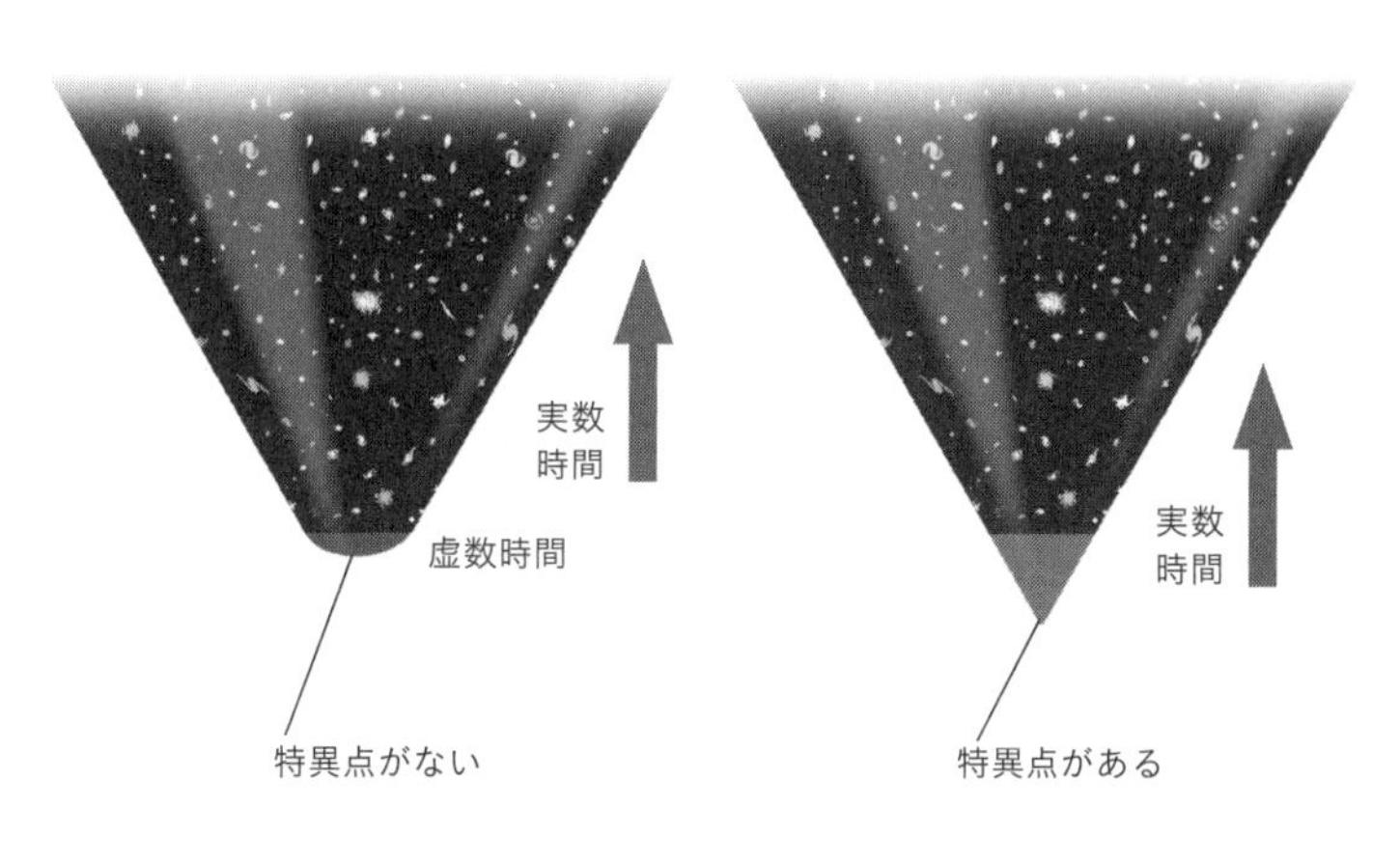

図6-5.　特異点を回避する無境界仮説

アレキサンダー・ビレンキン（1949〜）によって提唱されました。

ビレンキンによると、宇宙が誕生するときには、宇宙の存在自体が定まらないゆらいだ状態にあり、「宇宙の卵」が誕生と消滅をくりかえしていたといいます（図6−4）。そしてたまたま宇宙の卵の一つが急激に膨張し、約138億年かけて現在の大きさにまで成長した、というのです。

またそのほかにも、宇宙の誕生時には奇妙な時間が流れていた、と考える仮説もあります。スティーブン・ホーキング（1942〜2018）らが提唱した「無境界仮説」です。無境界仮説によると、宇宙誕生時には、私たちのまわりで流れている実数の時間ではなく、「虚数の時間」が流れているといいます。虚数の時間では、物体の運動の向きが逆になります。このような時間を想定すると、宇宙のはじまりが点ではなく〝なめらか〟になり、特異点の問題を回避できるというのです（図6－5）。

これらの仮説は、一般相対性理論に、単純化した量子力学を適用してつくりだされたものです。正しく宇宙誕生の瞬間を解き明かすには、一般相対性理論と量子力学を統合した万物の理論を完成させなければなりません。

さまざまな宇宙終焉のシナリオ

宇宙のはじまりの次は、宇宙の終わりについても考えてみましょう。宇宙の終わりについてもまだわかっていないことが多く、いくつかの〝シナリオ〟が考えられています。

宇宙がこの先、どのような運命をたどるのか、その鍵をにぎっているのが「ダークエネルギー（暗黒エネルギー）」という正体不明のエネルギーです。ダークエネルギーとは、宇宙空間にまんべんなく満ちているエネルギーです。宇宙空間をいきおいよく押し広げる作用、すなわち宇宙膨張を加速させる作用をもつと考えられています。

ダークエネルギーの正体は不明ですが、空間そのものがもつエネルギー（真空のエネルギー）がその候補として考えられています。しかし、現在の理論で真空のエネルギーの密度を計算すると、実際の観測結果と120桁もことなるため、現実の宇宙とまるで合っていません。そのため、ダークエネルギーの正体探しは混沌とした状態がつづいています。

さて、宇宙空間を満たすこの正体不明のダークエネルギーの密度が今後、どのように変化するのかによって、宇宙の未来は大きく左右されます。たとえば、ダークエネルギーの密度が今後も一定だった場合、宇宙は将来にわたって加速的に膨張しつづけることになります。こうしてむかえる宇宙の最期のシナリオが、「宇宙は、ほとんど空っぽになってしまい、何の変化もおきない、さびしい世界になってしまう」というものです。

恒星も惑星も、もちろん銀河やブラックホール、それどころか、物質を構成するあらゆる粒子さえもなくなってしまうような、〝完全なる空っぽ〟です。これが現在最も有力な可能性といえるでしょう。このような宇宙の終わりを、「ビッグフリーズ（Big Freeze）」といいます。宇宙がまるで凍りついたような状態になるわけです。

一方、もしもダークエネルギーの密度が時間とともに増えた場合、宇宙膨張はさらにいきおいを増すことになります。すると、宇宙のあらゆる構造が空間の膨張によって引き裂かれます。空間の膨張速度が無限大に達し、宇宙は終焉をむかえます。これをビッグリップ（Big Rip）といいます。リップとは引き裂くという意味です。

ダークエネルギーの密度が、減少していく場合はどうでしょう。減少する割合が大きいと、宇宙は膨張から収縮に転じる可能性があります。宇宙がどこまでも収縮をつづけたとすると最終的には、宇宙空間全体が1点につぶれて、終焉をむかえます。これを「ビッグクランチ（Big Crunch）」とよびます。クランチはつぶすという意味です。

ビッグクランチは、全宇宙が大きさゼロの点につぶれる現象です。その点の密度は無限大になってしまいます。このような点は「特異点」とよばれています。そう、宇宙のはじまりのときにも登場した特異点です。無から生まれた宇宙が、将来また無に帰ることになるのかもしれないわけです。

　ただし、現在の物理学では、宇宙がビッグクランチでつぶれた場合、そのあとどうなるのかは解明できていません。ビッグクランチのあと、宇宙は〝はね返り〟（ビッグバウンス：Big Bounce）をおこし、収縮から膨張に転じるという考え方もあります。この場合、宇宙は、「ビッグバン→膨張→収縮→ビッグクランチ→ビッグバン→膨張→収縮→ビッグクランチ→……」というサイクルをくりかえすことになります（図6－6）。つまり何度も宇宙の誕生と終焉がおきるのです。このような考え方は「サイクリック宇宙論」とよばれています。

　ビッグクランチによって特異点になった宇宙がその後どうなるのか、これを解明するためにも、量子力学と一般相対性理論を融合した万物の理論が必要です。

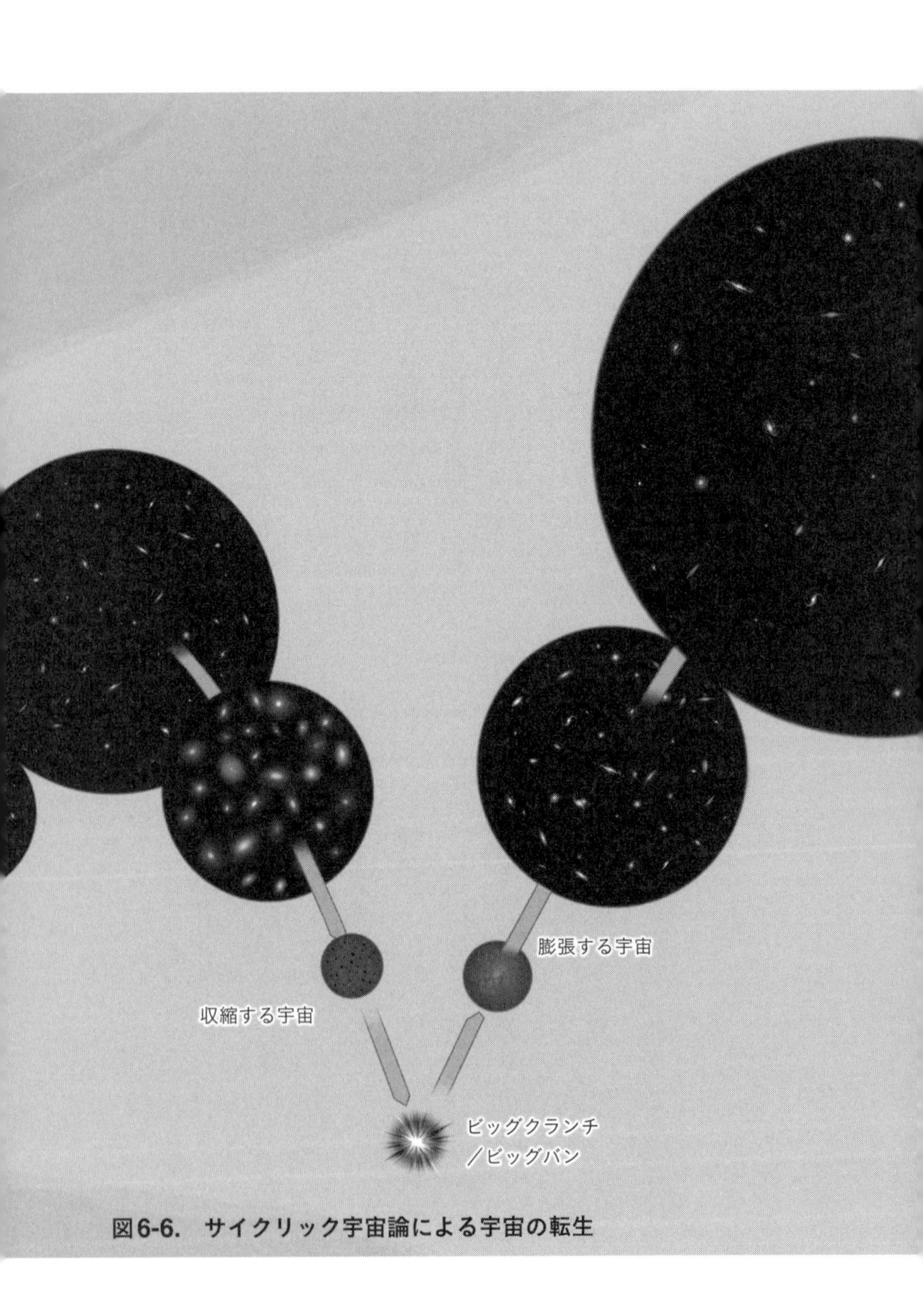

図6-6.　サイクリック宇宙論による宇宙の転生

ビッグバンは、ブレーンの衝突でおきた!?

ここで、超ひも理論が予言する宇宙についての興味深い仮説を紹介しましょう。それは、私たちの住む宇宙とは別の宇宙がこの世界に存在するという考え方です。

前出した「ブレーンワールド仮説」を思いだしてください。この仮説では私たちがいる3次元空間は、高次元空間に浮かぶ一つのブレーン（膜）だと考えます。そして、その高次元空間には、私たちがいる3次元空間とは別のブレーンが浮かんでいる可能性が考えられるのです。

一つ一つのブレーンを一つの宇宙とみなせば、私たちの宇宙のほかにもたくさんの宇宙が存在することになります。私たちの宇宙とは別の宇宙を、「並行宇宙」などとよぶことがあります。ただし、並行宇宙はあくまでも仮想の概念です。本当に存在するかどうかは、現時点ではわかっていません（図6－7）。

並行宇宙が存在した場合、私たちのような生命体が暮らしている可能性がある

図6-7.　3次元空間と平行宇宙

ことも否定できません。ただし、それを確認することはほとんど不可能でしょう。それは、私たちのブレーンに含まれる物質や光はすべて「開いたひも」でできていると考えられているため、ブレーンにくっついており、別のブレーンにとどくことはないからです。つまり、別のブレーンからの情報は決して得られないということになります。

では、重力なら別のブレーンに行けるのでしょうか。重力を伝える重力子だけは「閉じたひも」ですから、ブレーン間を伝わることができると考えられます。しかし重力の作用はきわめて弱いため、検出することはむずかしいでしょう。ただし、複数のブレーンは重力によって引き寄せ合うため、私たちのブレーンと別のブレーンが衝突することはありえます。

ここで「エキピロティック宇宙論」という、ブレーンの衝突に関する興味深い仮説を紹介しましょう。この理論によると、2枚のブレーンが衝突すると、ブレーンは素粒子に満ちた高温・高密度の灼熱状態となるといいます。この状態が、私たちの宇宙のはじまりとされる「ビッグバン」（高温・高密度の火の玉宇宙）だと考えられるのです。つまり、私たちの宇宙の誕生をもたらしたビッグバンは、ブレーンの衝突によっておきたというのです（図6－8）。2枚のブレーンの衝突のエネルギーによって、私たちのブレーンに物質や構造がつくられたと考えます。

図6-8.　エキピロティック宇宙論

ビッグバンは2枚のブレーンが衝突することでおきたのかもしれない。

そして衝突の後、二つのブレーンは遠ざかっていきます。さらに時がたつと、二つのブレーンは再び引き寄せあって衝突し、再度ビッグバンがおきる、というモデルもあります。つまり、このモデルによると、宇宙は衝突による終焉と再生をくりかえすというのです。ただしこれらのモデルはあくまで研究中の仮説であり、今後の研究の進展が待たれています。ブレーンを想定すると、まったく新しい宇宙像を考えることができるのです。

超ひも理論は、無数の宇宙を予測する！

ブレーンワールド仮説にもとづき、一つの高次元空間の中に私たちの3次元空間とは別の宇宙（ブレーン）が存在している可能性について紹介しました。しかし超ひも理論では、私たちの住む宇宙と別に、無数の宇宙がまったく別の高次元空間にある可能性も考えられています（図6－9）。

私たちの宇宙には、電子の質量（9.1×10^{-31}キログラム）や重力の強さ（万有引力定数）など、さまざまな定数があります。それらは「物理定数」といい、物理法則の中で

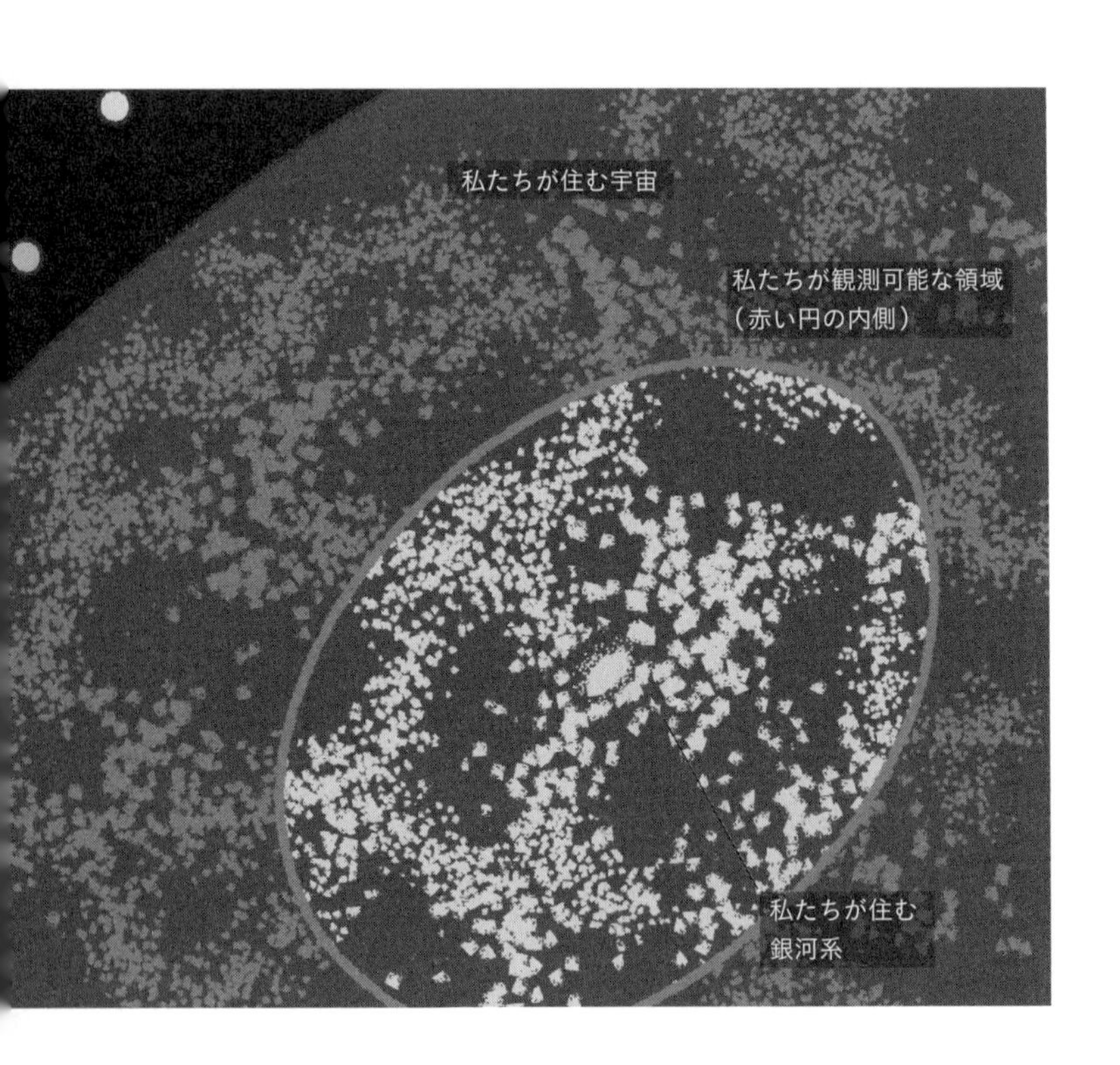

変わることのない普遍的な数です。しかしそれらの定数がなぜその値になるのか、その理由ははっきりしていません。

そこで近年さまざまな物理定数や物理法則は、宇宙誕生時に〝偶然〟今の値に決まったのではないか、という見方が主流になってきています。超ひも理論にもとづいて計算すると、余剰次元の丸まり方などから、物理定数や物理法則が成立する

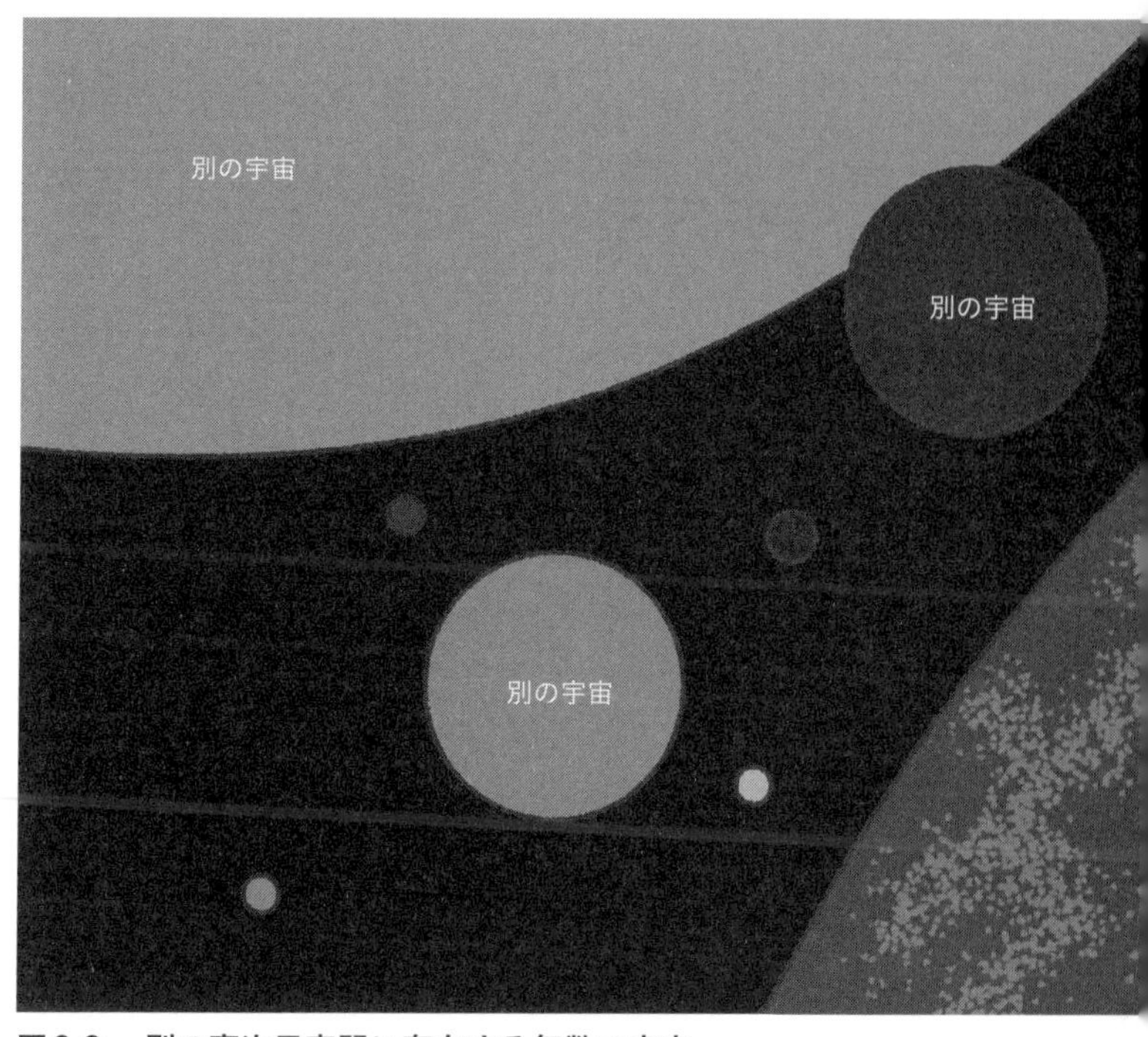

図6-9.　別の高次元空間に存在する無数の宇宙

パターンは、少なくとも10^{500}通りもあると考えられるのです。その中で、私たちの宇宙の物理法則は、生命の存在にきわめて都合のよい値になっています。もし私たちの宇宙の物理定数が今の値からほんの少しでもずれていたら、生命はとても誕生できなかったでしょう。たとえば陽子や中性子を形づくっている強い力の強さが、ほんの少しことなっていただけで、

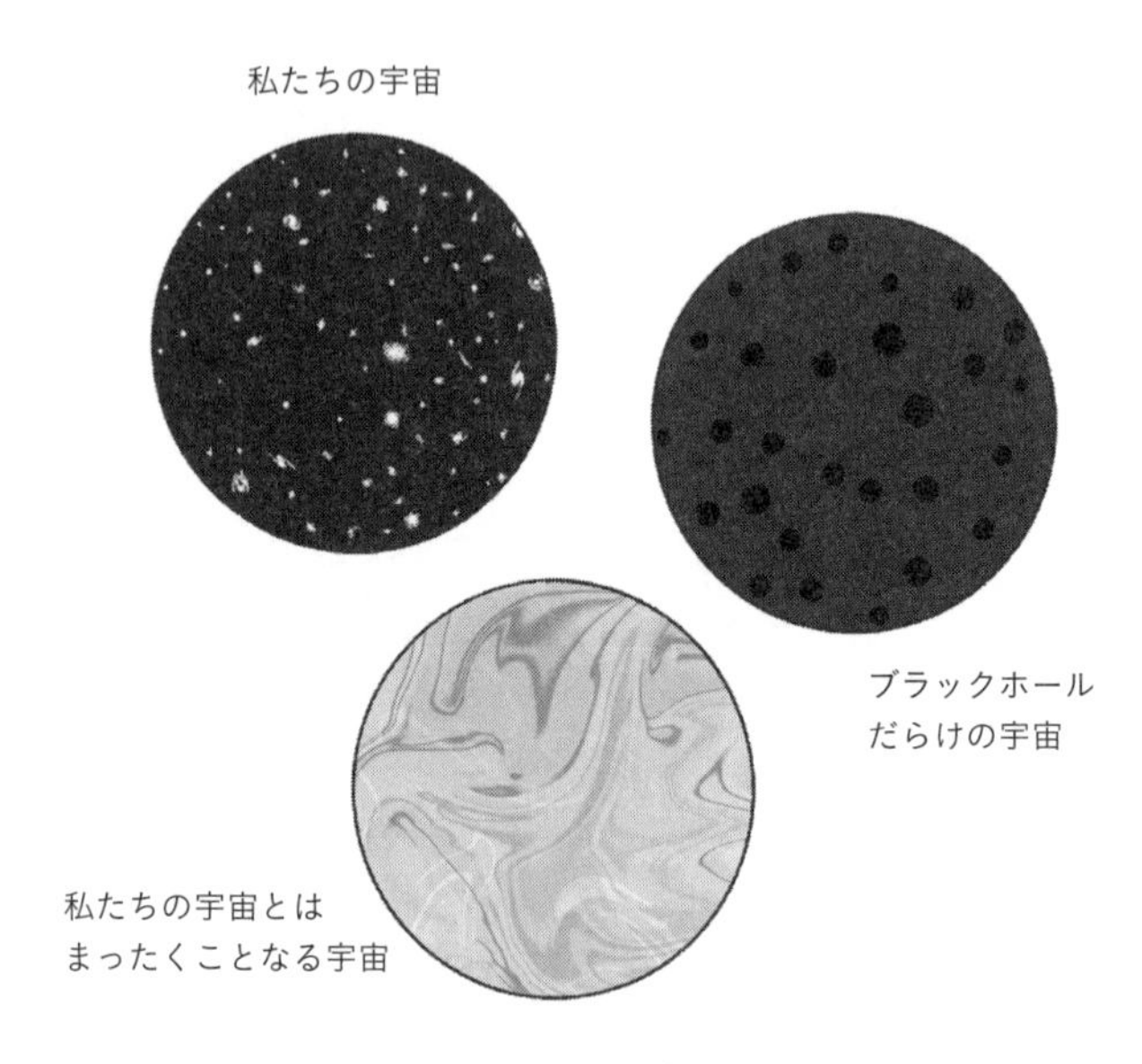

図6-10.　無数に存在する、さまざまな宇宙のイメージ

この世界のさまざまな元素は生まれなかったと考えられます。このような事例はいくつも知られています。

となると私たちは、10^{500}通りもある物理法則の組み合わせの中から、生命に都合のよい設定を偶然引き当てたことになります。しかしそれは宝くじの1等が当たるよりも圧倒的に低い確率で、少々都合がよすぎます。

そこで近年注目を集めている考え方が、「宇宙は無数に存在する」とする「マルチバース宇宙論」です（図6－10）。仮に物理法則がことなる宇宙が10^{500}個あるとすれば、その中に一つくらいは生命誕生に都合のよい物理法則をもつ宇宙が存在するのではないか、という発想です。

ただし前述したように、残念ながら別の宇宙は基本的に観測不能です。ブレーンワールド仮説における別の宇宙とちがい、この場合の別の宇宙は高次元空間でもつながっておらず、どのような方法でも連絡をとることができないと考えられています。物理法則は本当に10^{500}通りもあり得るのか、そして宇宙は本当に無数に存在するのか……。これらの謎を解決するためには、超ひも理論や宇宙論のさらなる研究が必要です。

ブラックホールの中も、超ひも理論でわかる！

超ひも理論は、奇妙な天体「ブラックホール」の謎も解明できると期待されています。

ブラックホールは強大な重力をもつ天体です。アインシュタインの一般相対性理論からその存在が予言され、その後、実際に存在することが確認されました。

図6-11.　時空の曲がりがつくるブラックホール

ブラックホールは、あまりにも重力が大きく、なんでものみこんでしまい、ひとたび中に吸いこまれると、光さえも抜けだすことはできません。私たちの住む天の川銀河にも、数百万個ものブラックホールがあるとされています（図6－11）。

ブラックホールは、存在が予言されてから長い間、その姿を直接観測することはできませんでした。しかし２０１９年に人類ははじめてブラックホールの姿を直接とらえることに成功しました。２０１７年に観測が行

図6-12.　はじめて撮影されたM87銀河のブラックホール

リング状の光の内側にブラックホールの影がとらえられた。

われたのち、長きにわたるデータ解析の結果、M87という銀河の中心に存在する超巨大ブラックホールの姿が浮かび上がったのです(図6−12)。

さて、多くのブラックホールは、太陽よりも25倍程度以上重い恒星がその生涯を終える際に、自らの重力で1点につぶれることで誕生すると考えられています。恒星の中心部での重力はあまりに強いため、1点につぶれて、中心には「特異点」が生じます。この特異点がブラックホールの本体です(図6−13)。

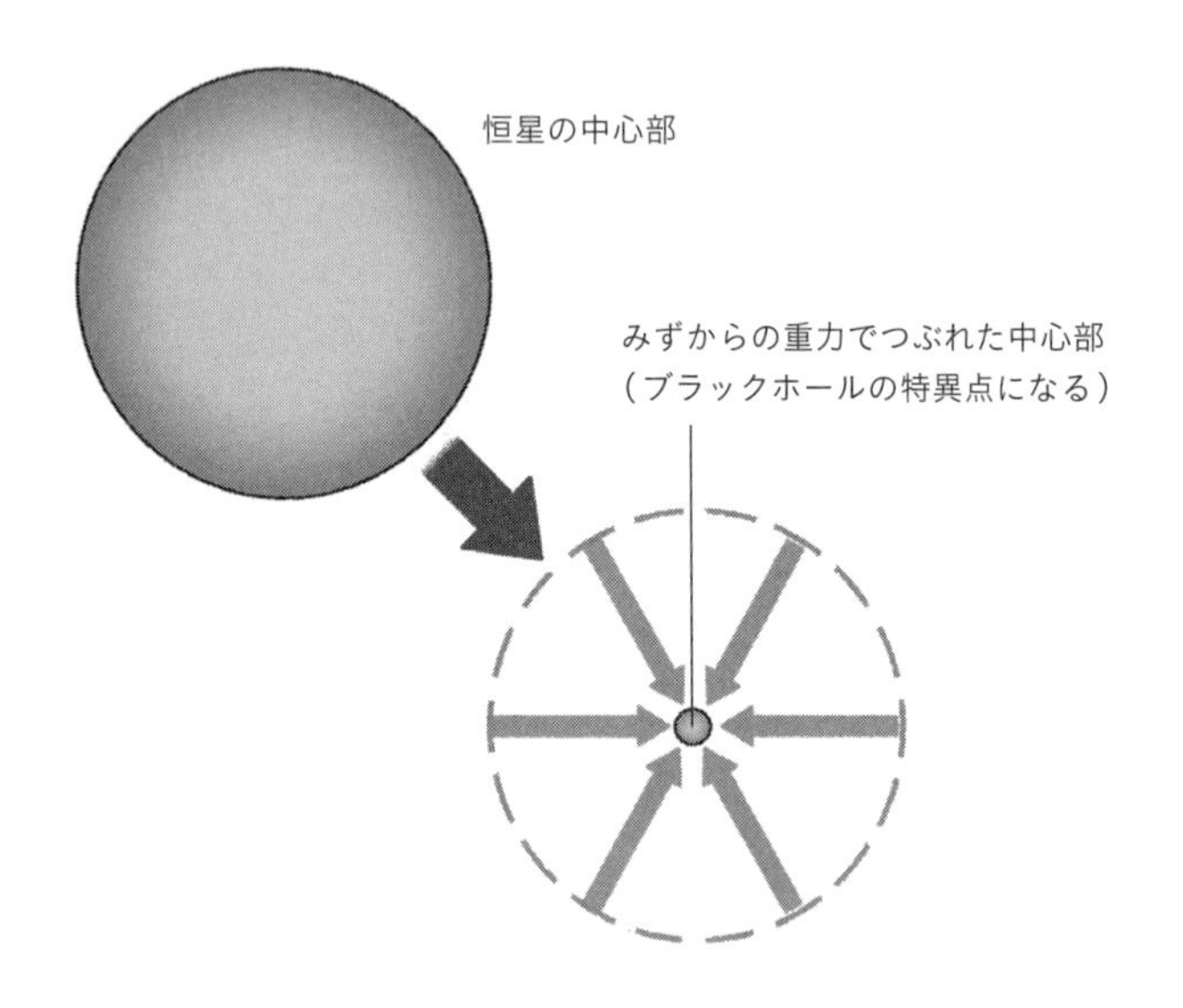

図6-13.　重い星がつぶれてできる特異点

特異点は、宇宙のはじまりにも登場しましたね。ブラックホールの特異点も、宇宙のはじまりと同じように、理論上、重力と密度が無限大になる時空の果てで、意味のある計算結果を得ることができません。

たとえば、ブラックホールに吸いこまれた物質は、特異点まで落ちていきますが、現在の物理学では、特異点に落ちた物質がどのようになるのかわからないのです。特異点について解明するためには、量子力学と一般相対性理論を融合した理論が必要です。ブラックホールに落ちこんだ物質がどのようになるのか、ブラックホールの特異点にはどのような性質があるのか、それらの謎を解き明かすために、超ひも理論の研究の進展が期待されています。

謎の物質「ダークマター」の正体を解き明かす

もう一つ、現代物理学が直面する宇宙の大きな謎に「ダークマター」があります。ダークマターとは宇宙に大量に存在する謎の物質で、「暗黒物質」ともいわれます。我々のまわりにある通常の物質の5倍以上も多く存在していますが、光(電磁波)を発したり、吸収したりしないため、直接見ることができません。その正体は依然謎に包まれています。

見えないにもかかわらず、ダークマターはなぜあるといえるのでしょうか。それは、ダークマターには重力があるからです。銀河の動きなどを調べると、そこには何も見えないにもかかわらず、なんらかの重力源が存在するとしか考えられない例が多数見つかっているのです。その重力源がダークマターです。ダークマターは銀河をおおうようにして分布していると考えられています(図6－14)。

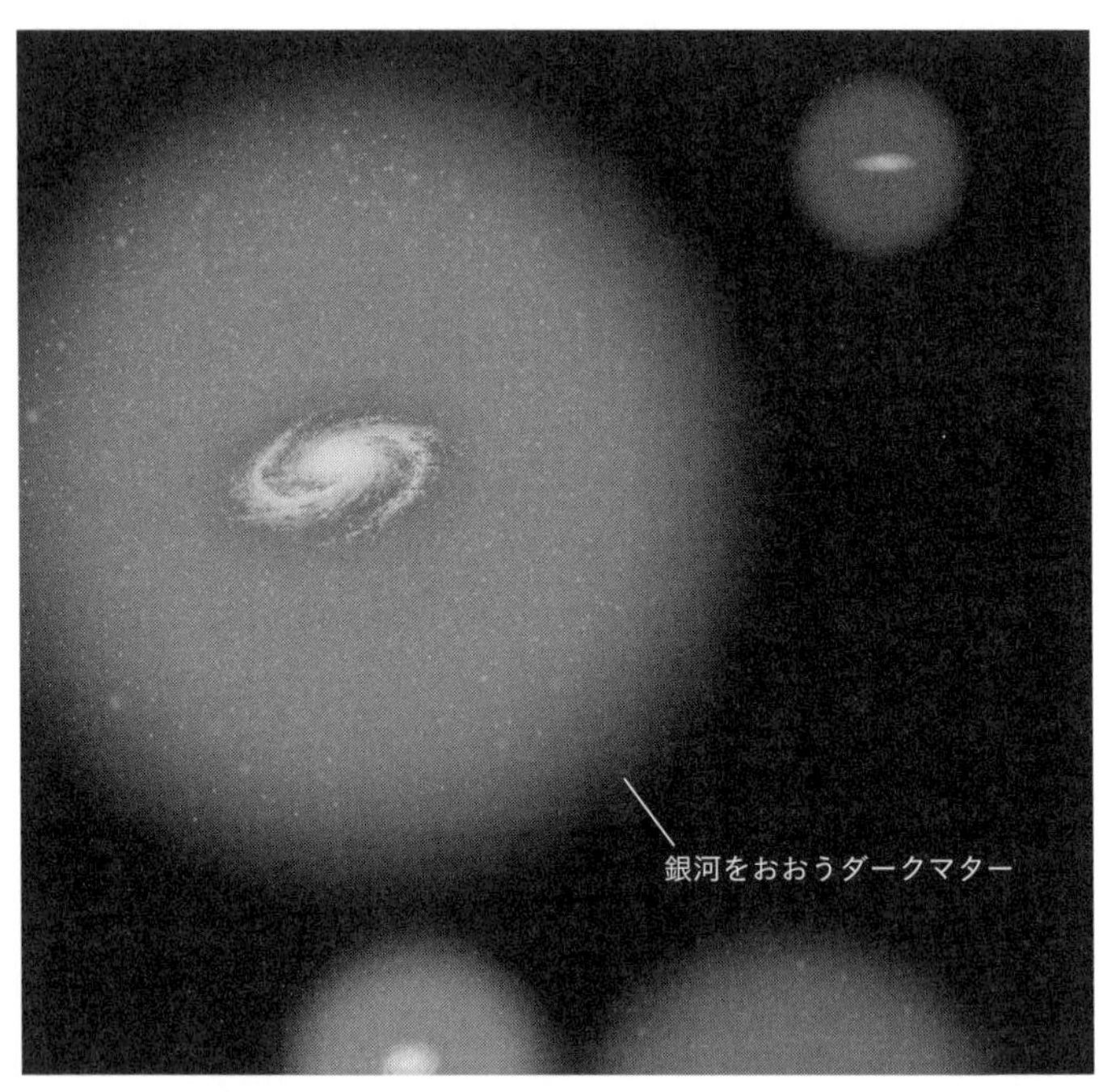

図6-14.　銀河をおおうダークマター

　ダークマターは、通常の元素をもとにしてできた物質ではないと考えられています。標準理論に組みこまれた素粒子では説明がつかないため、「未発見の素粒子」ではないかと予想されています。

　ダークマターの正体については、いくつかの候補が理論的に考えられています。それらの候補に共通する特徴は「見えない（電磁波を出さない）」「普通の物質をすり抜ける」「質量をもつ」

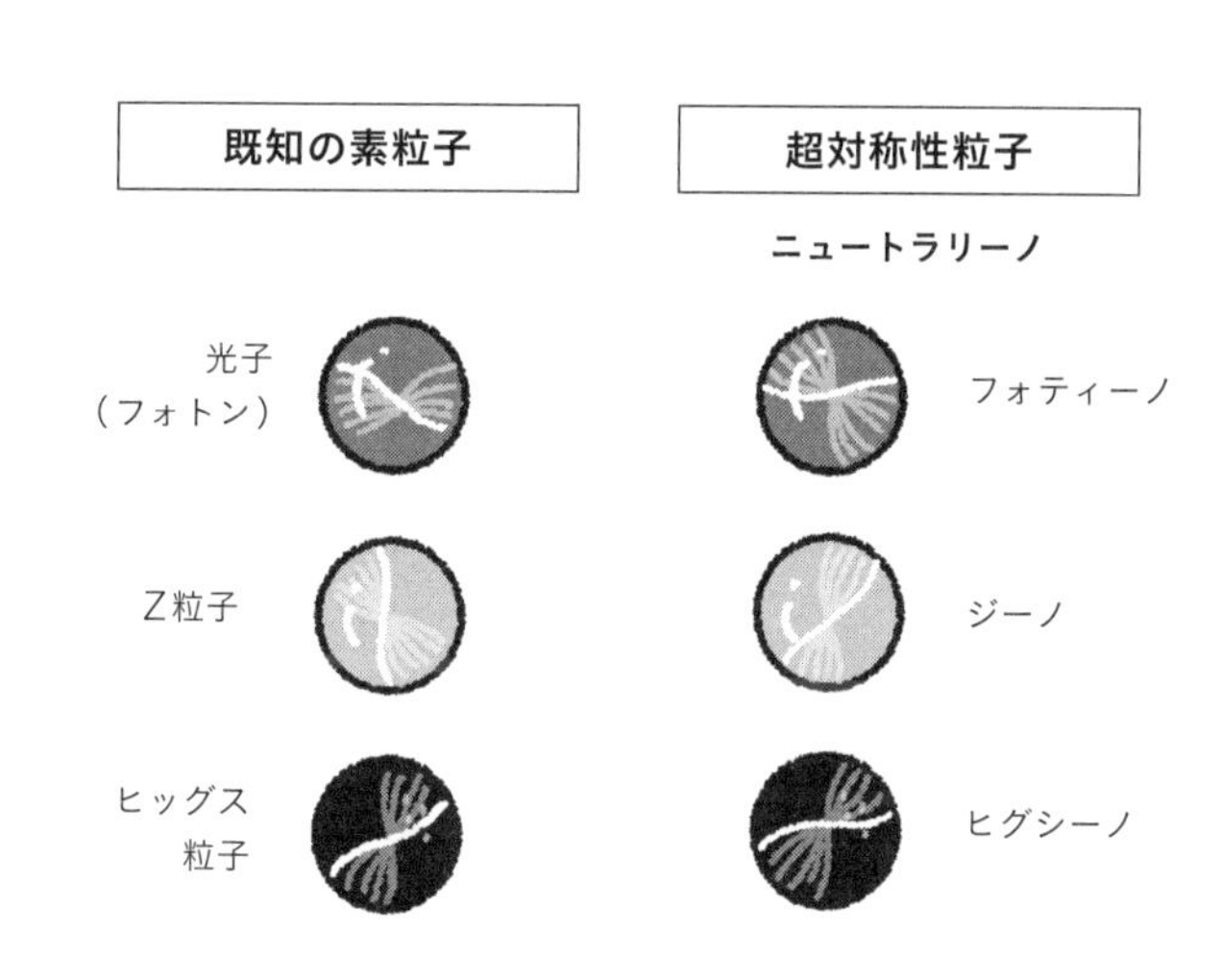

図6-15.　既知の素粒子と超対称性素粒子

の三つです。

　とくにダークマターの候補として有力視されている素粒子は「超対称性粒子」です。これは、超ひも理論が組みこんだ「超対称性」という考え方から予言される粒子たちのことでした。現在明らかになっている素粒子たちと性質は似ていますが、ボソンとフェルミオンの特徴を入れ替えた「パートナー素粒子」たちのことをさします。最有力候補は、超対称性粒子の中で電気的に中性で、最も軽いと考えられている「ニュートラリーノ」です（図6－15）。ニュートラリーノとは、光子のパートナーの「フォティーノ」、Z粒子のパートナーの「ジーノ」、ヒッグス粒子のパートナーの「ヒグシーノ」の総称です。

ただし、ニュートラリーノを含めて、超対称性粒子はまだ見つかっておらず、本当に存在するのかどうかはわかっていません。超ひも理論が完成すると、ダークマターの素性も明らかになる可能性があります。

重い素粒子を探しだせ！

超ひも理論が本当に正しい理論かどうかは、まだわかっていません。実験結果をうまく説明でき、将来おきることも予言できるような理論であれば、それは「正しい理論」だといえます。しかし超ひも理論はごく小さな世界の理論であることから、実験による検証がなかなかむずかしいところがあるのです。

それでも、いくつか検証する方法はあります。まず一つは「重い素粒子」を見つけることです。超ひも理論では、ひもの振動がはげしいほど素粒子の質量が大きくなります。ひもがとりうる振動状態には制限があるため、ひもの振動は段階

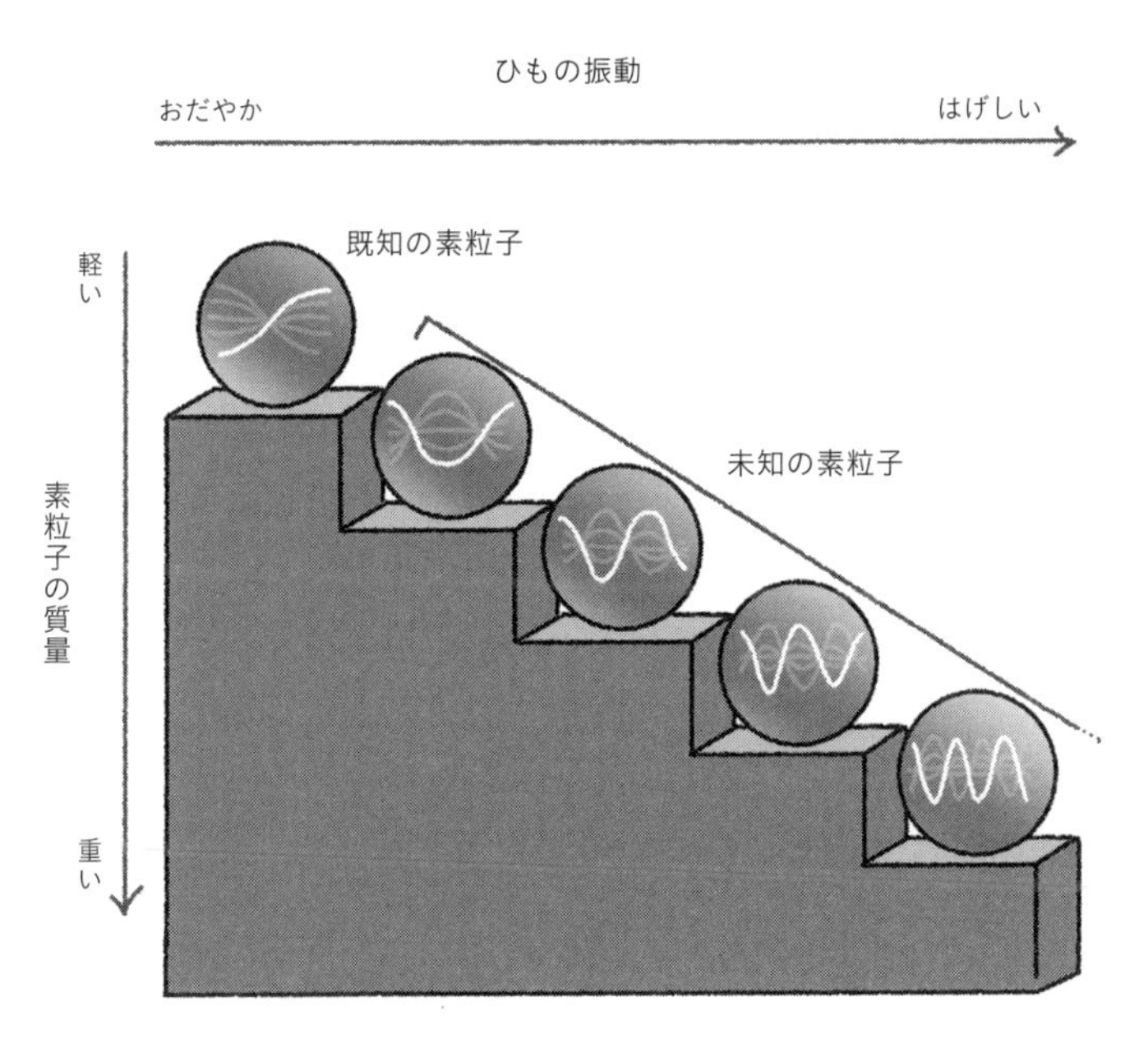

図6-16.　段階的に増える素粒子の質量

的にはげしくなっていきます。すなわち素粒子の質量の増え方も段階的になるのです(図6－16)。

超ひも理論では、同じような性質をもちながら、質量の2乗が2倍、3倍となるような素粒子が存在すると考えられています。そのような素粒子が見つかれば、超ひも理論の強力な証拠材料になるでしょう。しかしそのような新しい素粒子は、どのような方法で見つけることができるのでしょうか。

新しい素粒子を発見するためには、第１章でも紹介した「加速器」を使用します。加速器とは、二つの粒子を加速して衝突させ、新しい粒子を発生させる実験装置のことです。

加速器で「重い素粒子」を発生させるには、より速く加速し、大きなエネルギーで衝突させることが必要になります。現在、世界最大のエネルギーで粒子を衝突させることができる加速器は、山手線１周規模の加速器ＬＨＣです。しかし超ひも理論が予言する素粒子の多くはとても重く、ＬＨＣではエネルギーが足りないため、重い素粒子を発生させることは、むずかしいと考えられます。ただ超ひも理論のモデルによっては、ＬＨＣや次世代の加速器でも探索可能な、比較的軽い素粒子が存在する可能性もあります。そのような軽い素粒子であれば、今後発見できるかもしれません。

人工ブラックホールが、高次元空間の証拠になる

重い素粒子の発見はむずかしいかもしれませんが、ＬＨＣなどの加速器を使えば、超ひも理論が予言する高次元空間の存在は検証できる可能性があります。加速器を使い、ごく小さなブラックホールをつくるのです。

原理的にはどんな物質でも、きわめて高密度に圧縮すればブラックホールになると考えられています。たとえば半径約６３７８キロメートルの地球を、半径１センチメートルほどに圧縮できればブラックホールになります。そのような小さなブラックホールを「マイクロブラックホール」といいます。

とはいえブラックホールをつくるには、普通に考えると、ＬＨＣではやはり衝突エネルギーが足りないという計算になってしまいます。しかしもし高次元空間が実在すれば、ブラックホールをつくれるかもしれないのです。なぜ高次元空間が存在すると、ブラックホールができるのでしょうか。

重力を伝える重力子は閉じたひもであらわせます。ですから、私たちの3次元

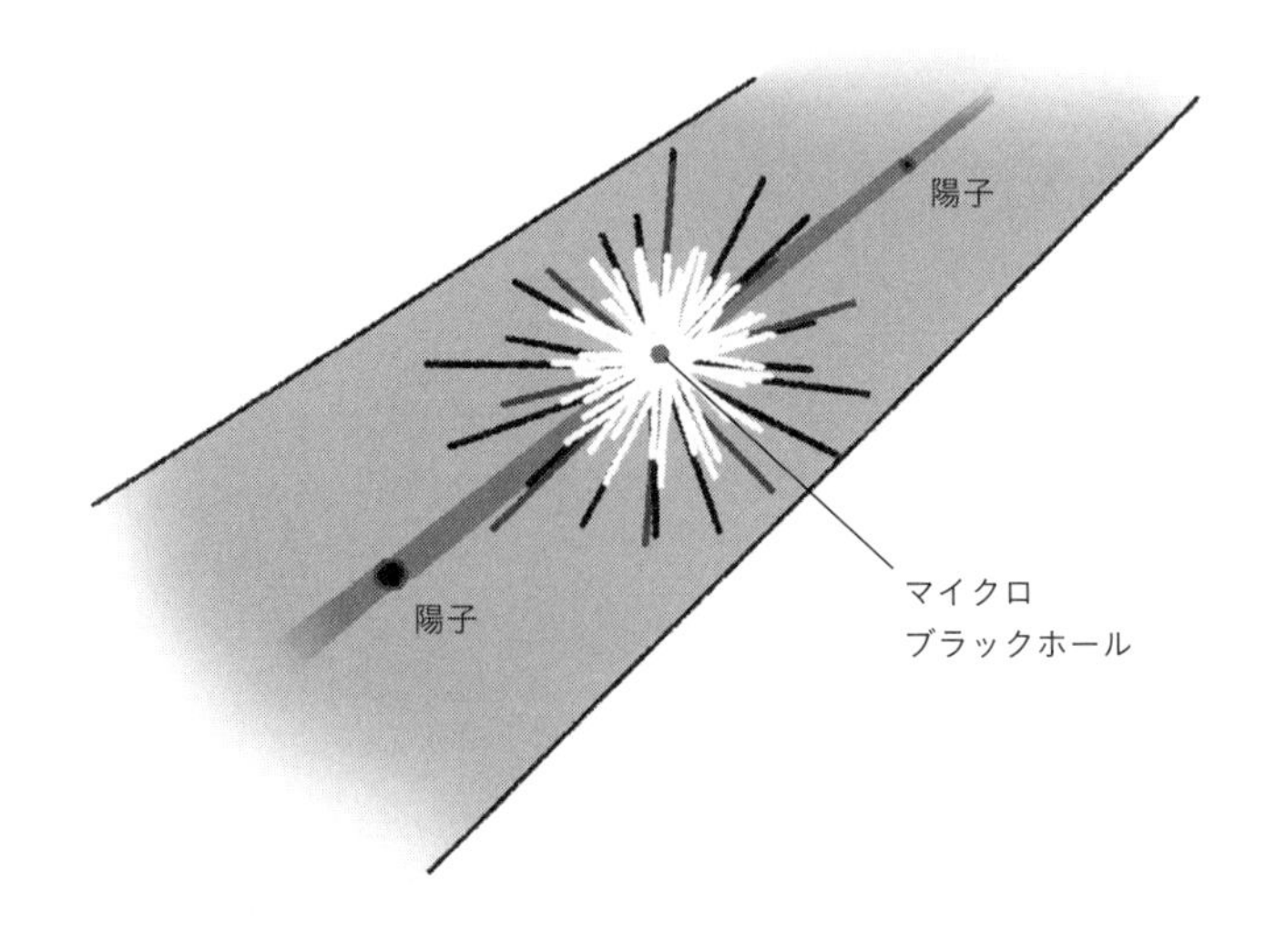

図6-17.　マイクロブラックホール発生のイメージ

空間からはなれて高次元空間を伝わっていくと考えられています（ブレーンワールド仮説）。つまり私たちが感じている重力は高次元空間に逃げた重力を差し引いた「弱められた重力」ということになります。もしこの考えが正しければ、重力子が高次元空間に逃げる前の近距離では、普通の理論で予測されるよりも重力がけたちがいに強くなるはずです。その結果、高次元空間が実在するのであれば、粒子どうしが衝突するときに強力な重力によって引き合い、現在の

ＬＨＣのエネルギーでもブラックホールがつくれるかもしれないのです（図6－17）。

「人工的にブラックホールがつくられるなんて、おそろしい！」と不安を感じる人もいるのはないでしょうか。どうぞ安心してください。まず今のところ、まだ明確にブラックホールができたという結果は得られていません。また、たとえブラックホールができたとしても、発生するブラックホールはきわめて小さく、周囲の物質を飲みこむ前にさまざまな粒子を放出し、瞬時に蒸発してしまうと予測されています。このとき周囲に飛び散った粒子を手がかりにして、ブラックホールができていたことを確認するのです。

そもそも、もし予言が正しかったとしたら、この実験と同じようなことは自然界でも頻繁におきていることになります。地球にはＬＨＣを上回る高エネルギーの宇宙線がつねに降り注いでおり、それらが大気とぶつかるときにマイクロブラックホールが形成されるにちがいないからです（図6－18）。したがって、マイクロブラックホールに危険性はないと考えられます。ＬＨＣでつくられたブラックホールがこの地球を飲みこんでしまうようなことはおきないのです。

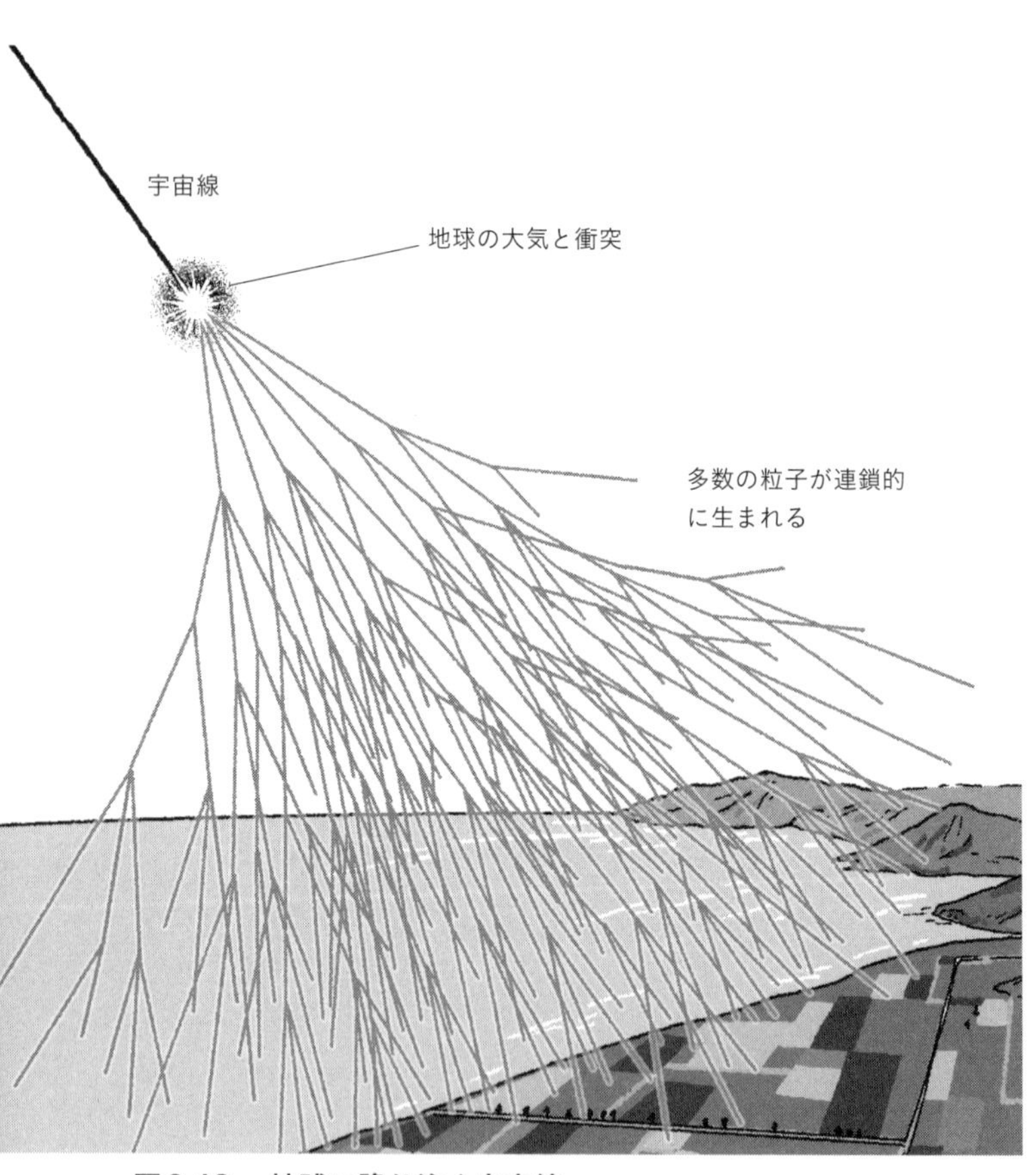

図6-18.　地球に降り注ぐ宇宙線

マイクロブラックホールの存在が確認されれば、高次元空間の実在の証拠になるため、超ひも理論の研究がより活気づくことはまちがいないでしょう。

さて、今回の超ひも理論のお話はここで終わりです。万物はひもでできているというところからはじまり、素粒子のキャッチボールで伝わる四つの力や9次元空間、ブレーン宇宙など、世界観が変わるようなお話ばかりだったのではないでしょうか。超ひも理論は素粒子から宇宙にいたるまで、この世界のすべてを記述する万物の理論になり得る、すごい理論です。未完の理論ですので、さらなる研究の飛躍を期待しましょう！

Staff

Editorial Management 中村真哉
Editorial Staff 井上達彦，山田百合子
Design Format 村岡志津加（Studio Zucca）

Illustration

表紙カバー 羽田野乃花
15 Newton Press
18 羽田野乃花
20~22 Newton Press
25 松井久美
27~32 Newton Press
33~39 松井久美
40~41 Newton Press, 松井久美
44~50 Newton Press
54 羽田野乃花
56 松井久美
57~58 羽田野乃花
59 松井久美
61 羽田野乃花
64 Newton Press
64~67 松井久美
69~70 Newton Press
71 松井久美
73 羽田野乃花
74 佐藤蘭名
77~84 松井久美
86-87 羽田野乃花
93 松井久美
95 Newton Press
97~99 松井久美
100 Newton Press
102 松井久美
109 Newton Press
110 松井久美
115~116 羽田野乃花
119~123 Newton Press
125 Andrew J. Hanson, Indiana University and Jeff Bryant, Wolfram Research, Inc.,Newton Press
127-135 Newton Press
137~139 羽田野乃花
142~143 松井久美
145 羽田野乃花
150~158 Newton Press
159 松井久美
164 岡田悠梨乃
166~171 Newton Press
172 松井久美
174 羽田野乃花
175 EHT Collaboration
176 岡田悠梨乃
178~186 Newton Press

監修（敬称略）
橋本幸士（京都大学大学院教授）

Newton
本当に感動する サイエンス超入門！
宇宙のすべての謎を解く
超ひも理論とは何か

2024年7月10日発行

発行人 松田洋太郎
編集人 中村真哉
発行所 株式会社 ニュートンプレス 〒112-0012 東京都文京区大塚3-11-6
https://www.newtonpress.co.jp/

ISBN978-4-315-52826-8